新種

見つけて、
調べて、
名付ける方法

馬場友希
福田 宏 編著

発見!

山と溪谷社

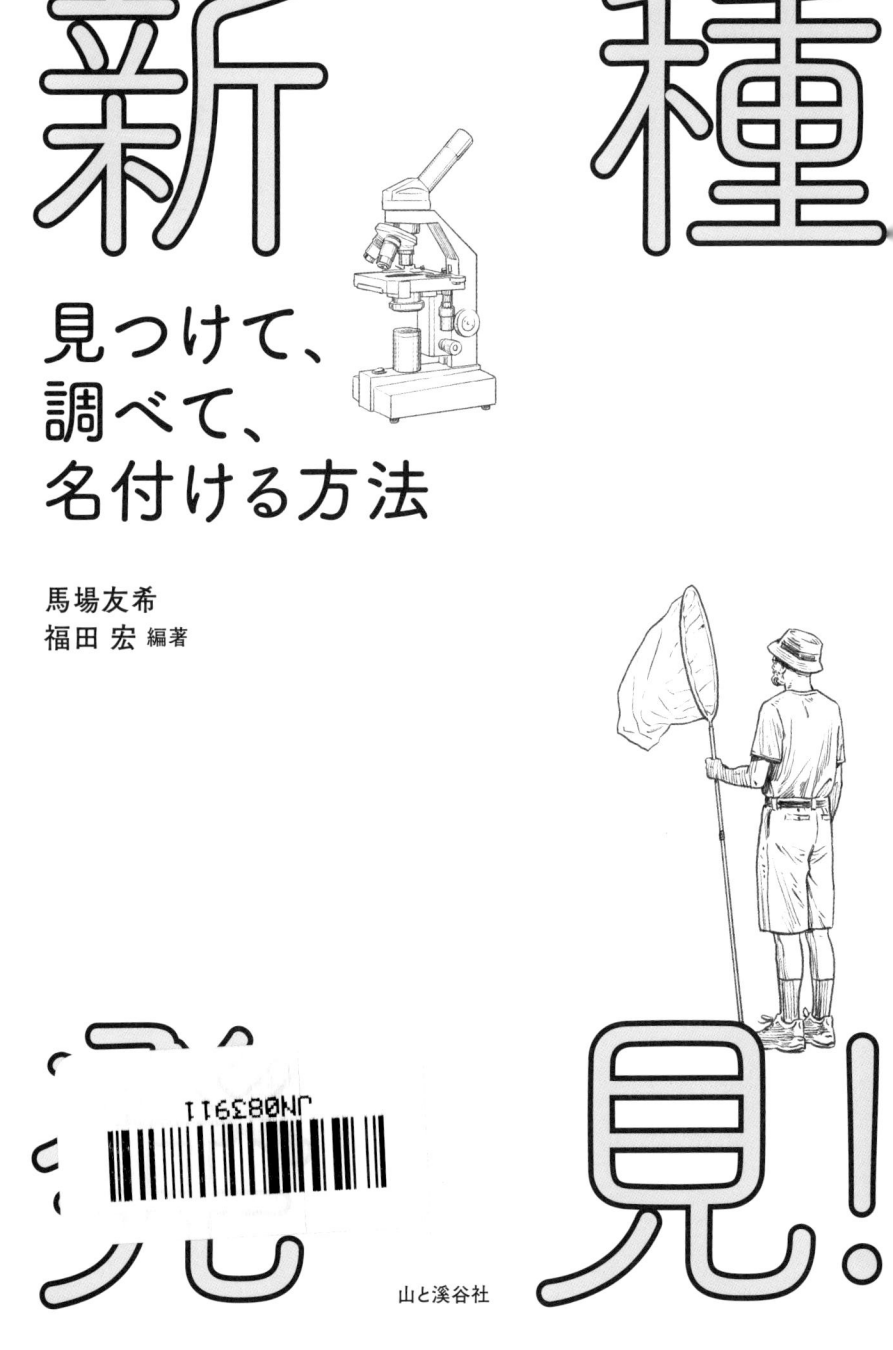

目次

chapter 2 水辺で発見！

新種発見って何だ？

――馬場友希

みなさんは「新種」とは何か、ご存知でしょうか？　新種と言うと、遺伝子操作や突然変異で地球上に新たに誕生した生命体を想像する人も中にはいるかもしれません。しかし、そうではありません。新種とは、新たに発見された生物種のことを指します。

この地球上には推定８７０万種もの生物が存在すると言われていますが、そのうち学名が付けられている種はわずか１５０万種。つまり、全体の約80パーセント以上の種には、まだ名前がつけられていないことになります。このような生きものを適切な分類学的位置に整理し、学術的な名前（学名）を命名する行為は、分類学の研究分野で新種記載と呼ばれています。そう、本書『新種発見！』はタイトルのとおり、未知の生物が発見され、その生物が新種として記載されるまでの過程を紹介する本です。

申し遅れましたが、私は節足動物のクモの研究者です。野外調査で未知のクモを見付け、時に自分自身で新種を記載することもありますが、分類学が専門というわけではありません。そんな私がなぜ編著者の1人として今回、分類学の書籍に関わることになったのか、まずその一風変わった経緯をお話ししたいと思います。

あれは2021年の夏のこと。新型コロナウイルスが猛威を振るう中、私を含む家族は不運にも感染者との濃厚接触者となり、1か月近く外出できない状態となってしまいました。隔離期間中は思うように仕事ができず、さらに休日も外出ができないため、私の唯一の楽しみと言えばインターネットくらいです。ぼーっとSNSのTwitterのタイムラインを眺めていると、新種の発見に関する大変面白いツイートが流れてきました（このツイートの投稿者こそ、本書のもう1人の編著者である福田宏先生でした）。

コロナ禍で久しく野外調査やクモ採集にも出られていなかったことから、この新種発見記はとても印象に残るもので、まるで自分自身が未知の生きものを発見した時のような高揚感・喜びを追体験することができました。私のタイムラインには分類学者や自然愛好家が多いので「皆が同じように新種発見時のエピソードを披露したら面白いのでは？」と軽い気持ちで、「#新種発見のエピソード」というハッシュタグを作りました。自分自身もこのタグを付けて、クモの新種発見の体験記をツイートしたところ、なんということでしょう、このタグの存在に気付いた方々がつぎつぎと新種発見のエピソードを披露し始めたではありませんか。Twitterの140文字という文字数制限がありながら、どれも新種を発見した時の興奮がリアルに伝わる濃厚なエピソードばかりでした。

また、対象生物や発見の経緯もバラエティーに富んでおり、まるでオムニバス形式の短編小説を読んでいるかのようでした。私は職業柄、新種の記載論文を読むことがあるのですが、論文は採集記録やその種を特徴づける形態的特徴が淡々と記述されているだけですので、正直、読み物として面白いものではありません。ですから、個々の記載論文の裏側にこんなにも熱く豊潤なエピソードが秘められていたことに驚きを覚えました。

このタグで披露されたエピソードの中には1万以上の「いいね」を獲得したツイートもあり、大きな反響がありました。この一連の盛り上がりが「山と溪谷社いきもの部」アカウントの中の人の目に留まり、2021年の秋頃、「Twitterの新種発見のエピソードを基にした本の制作に協力していただけませんか?」という連絡をいただきました。光栄な話と思いつつも、分類学が専門でない私には正直荷が重いと思いました。しかし、新種発見エピソードの中でもひときわ注目を集めたサザエの新種記載のエピソードを披露された、分類学者の福田先生も編著を担当されることを聞き、「本職の方がいれば大丈夫」と大船に乗った気持ちで今回の企画を引き受けることにしました。

そのような経緯で作られた本書は、1章「陸地で発見!」、2章「水辺で発見!」そして3章「こんなところで発見!?」と新種発見のシチュエーション別に整理された3章から構成しています。中でも3章は、Twitterの投稿やデータベース等をきっかけに新種の発見に至ったという現代ならではの新たな分類学の展開を知ることができます。本書の全19新種のエピソードは、対象分類群は植物、菌類、動物、さらに化石に刻まれた古生物に至るまで多岐にわたり、どれも新種発見の驚き、喜びを追体験できるものです。

また、本書の著者には分類学が専門でない研究者や自然愛好家にも参加いただいています。実は、新種の発見は分類学者の専売特許ではなく、むしろ専門外の人のほうが先入観に捉われず、新たな視点から未知種の発見に至るケースすらあるのです。ですから、この本を読まれているみなさんにも、新種発見のチャンスは十分にあります。

冒頭でも述べたように、地球上には未知なる生物種が数多く存在しています。そもそも生物の分類がなされなければ、「どんな生きものがいるのか?」「どのくらいの種がいるのか?」すら認識できないわけですから、分類学は生物学の基盤を築く重要な学問分野と言えます。しかし、生きものの名前がどのように付けられるか、その過程は意外なほど一般の人々には知られていません。この本を通じて「分類学って面白そう」「自分も新種を見つけられるかも」など、少しでも多くの人が分類学の世界に関心を持っていただけると嬉しいです。それでは早速、「新種」発見の旅に出かけましょう。

新種記載への道のり

START

新種候補を発見する

最も一般的なのが、野外での発見。奥深い森へ行かずとも、新種は身近な場所にも潜んでいます。そのほか、過去の文献や標本から、分類の再検討が必要な種が見つかるケース（p196）や、近年はSNSに投稿された写真がきっかけとなるケース（p168、180）も増えています。

野外調査で　**標本や文献で**　**SNSの投稿で**

新種候補を見つけた！　↓　↑　種内変異*だった

既知種だった

データを増やしたい

データを収集する

生物によって調査・実験方法は多種多様。下記のほか、飼育を行なったり、交配試験を行なうこともあります。

①サンプル収集

新種かどうか、たくさんの標本を元に比較・検証できていることがベター。可能な限り採集を試み、標本を取り寄せ、観察データやその分布地のデータを増やします。

②形態観察

まずは見た目の特徴をチェック。肉眼での観察のほか、顕微鏡も用いて詳細に観察します。

③分子系統解析*

近年は多くの生物のグループで、遺伝子解析を用いた分類が行なわれるようになっています。

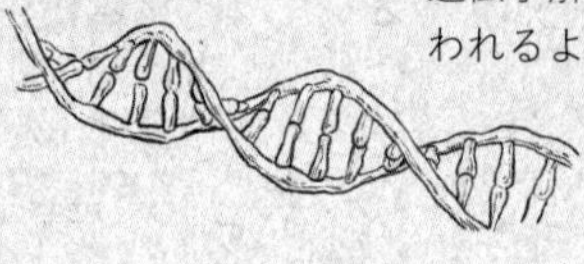

データに不足があった

新種候補を見つけた!

過去の研究と比べたい

比較・検証する

①文献調査
同じ仲間の過去の文献を辿り、分類の現状や、どのような種がこれまで報告されているかを把握します。

②原記載との比較
同じ仲間の新種記載された際の文献（原記載*）を取り寄せ、一致するものが既に報告されていないか確認します。

③タイプ標本との比較

比較したい種の学名の基準となる標本（タイプ標本*）を取り寄せ、確認します。標本が失われていたり、取り寄せられない場合は、②で図や記述と比較します。

既知種と異なる特徴があり新種と言える

比較・検証が不十分

原記載執筆と出版

①原記載文の執筆
命名規約（p12）に則って英語などで原記載文（p14）を執筆します。学名は主にラテン語、ギリシア語などに基づきアルファベット複数文字で命名します。

②タイプ標本を指定
その種の学名の基準となる単一の標本を「ホロタイプ*」として指定し、博物館や研究機関などに保管します。

③論文の投稿

命名規約に準じていれば、図鑑や単行本などで種を記載することも可能ですが、学術誌への投稿が望ましいとされます。その際は、論文の内容が掲載に相応しいものか、第三者の専門家（1～数人）が読んで判断する「査読」が行なわれます。

受理された（アクセプト）

不受理となった（リジェクト）

GOAL 学術誌などに掲載＝新種として報告

学名・和名とタイプ標本

生物の新種が見つかり、学術論文などで新種として報告され、その種の世界共通の名前となる「学名」が命名されることを「記載される」と言います。学名は、苗字と名前のように、属名と種小名（細菌は属名と種形容語）の組み合わせからなり、この原則を二語名法（あるいは二名法）と呼びます。本来は学名の後に、命名者の名前と記載された年が表記されることが望ましいとされています。

命名には、ギリシア語またはラテン語の文法を用いることなど、さまざまな規則があり、動物は「国際動物命名規約」、藻類・菌類・植物は「国際藻類・菌類・植物命名規約」、細菌・古細菌は「国際原核生物命名規約」に準ずることが定められています。

学名は1つの種に対して、ただ1つだけが有効名として認められます。しかし、別種だと思われていたAという種とBという種が実は同種であった、といったケースはよくあることです。このようなケースで、同一の種に複数の学名が与えられている場合、それらの学名は「シノニム」と呼ばれます。シノニムの中で、どの学名が有効であるかは、原則的には先に付けられた名前が優先されます。ただし、研究者によって意見が分かれることもしばしばあります。

また、異なる種に同じ名前が付けられていた場合、それらは「ホモニム」と呼ばれます。このような場合も、それぞれの種に別々の学名を与える分類の整理が必要です。

また、種が記載される際には、その記載に用い

学名の成り立ち

Dolomedes fontus Tanikawa & Miyashita, 2008

- 属名：同一の記事で複数回出てくる際は、初出または文頭以外は属名を頭文字とピリオドのみに省略する
- 種小名：（属名・種小名）斜体または太字など、他の文と異なる書体で表記する
- 命名者名と記載された年：命名者名と年は省略可

学名に用いられる省略記号

sp.　「species」の略。種小名が分からない時に用いる。
例 *Xus* sp.（*Xus*属の一種）

ssp.　「subspecies」の略。動・植物において亜種（種より下位の区分で、同種内で形態的差異と不完全な生殖的隔離があり、分布の異なる個体群）を表す。
例 *Xus yus* ssp. *zus*（*Xus yus*の亜種*zus*）

var.　「variation」の略。植物において変種（亜種より下位の区分で、同種内でやや形態的差異があり、分布の異なる個体群）を表す（動物では認められていない）。
例 *Xus yus* var. *zus*（*Xus yus*の変種*zus*）

た標本を「タイプ標本」として指定することも定められています。これは、その学名がどの生物にあてられたものなのかを、証拠となる標本をもって明確にするためです。特に、学名の基準となる1個体のタイプ標本は「ホロタイプ」と呼ばれ、ホロタイプと共に記載に用いられたその他の個体は「パラタイプ」と呼ばれます。

一方で、学名の代わりに私たちが日常的に用いているのが「和名」です。生物の日本語での通俗的な名前であり、学名ほど厳格なルールはありません。分類群によっては、地方名（方言名）などの呼び名と区別して、1種に対して1つ与えられている和名を「標準和名」と呼ぶこともあります。和名を付ける機会には、新種記載時のほか、図鑑など一般向けの刊行物を作る際や、学会での口頭発表などの機会に命名されることもあります。

記載論文徹底解剖

新種記載の実例として、*Glenognatha osawai* Baba & Tanikawa, 2018 オオサワヒメアシナガグモと*Pachygnatha monticola* Baba & Tanikawa, 2018 ヤマヒメアシナガグモの原記載（*Acta Arachnologica* 誌、67巻1号、pp.39–42）を紹介します。

※動物の記載論文をオンライン公表する際には、動物命名法国際審議会の公式ウェブサイトであるZooBankのLSIDが必要です。このLSIDが記事中になければ、オンラインで公表されても、同じ記事が紙媒体で刊行されない限り学名は適格名とならず、使用できません。
※本項の解説は国際動物命名規約第4版とその後の改訂に準じています。植物や菌類などはそれぞれ別の規約に基づくので、以下の例とは異なる部分もあります。

Abstract：概要
その論文の簡単な要約部分。

Introduction：緒言
その生物の分類学的な歴史的経緯や現状などの、研究の背景について記述します。

Acta Arachnologica, 67(1): 39–42, August 31, 2018

Two new spider species of the genera *Glenognatha* and *Pachygnatha* (Araneae: Tetragnathidae) from Japan

Yuki G. Baba[1*] & Akio Tanikawa[2]

[1] *Biodiversity Division, Institute for Agro-Environmental Sciences, NARO, 3-1-3 Kannondai, Tsukuba, Ibaraki 305-8604, Japan*
E-mail: ybaba@affrc.go.jp
[2] *Laboratory of Biodiversity Science, School of Agriculture and Life Sciences, The University of Tokyo, 1-1-1, Yayoi, Bunkyo-ku, Tokyo 113-8657, Japan*
**Corresponding author*

Abstract — Two new species of the spider family Tetragnathidae (Araneae) from Japan are described: *Glenognatha osawai* sp. nov. and *Pachygnatha monticola* sp. nov. *Glenognatha osawai* is described on the basis of specimens collected on the Ogasawara Islands (Nakodo-jima and Muko-jima Islands). This new species is similar to *G. argyrostilba* (O. Pickard-Cambridge 1876) and *G. tangi* (Zhu, Song & Zhang 2003) in general appearance and cheliceral morphology, but it can be distinguished by the shapes of conductor, cymbium, and paracymbium of the male palp. *Pachygnatha monticola* is described from Nagano Prefecture, a mountainous region of Honshu Island. This new species resembles *P. quadrimaculata* (Bösenberg & Strand 1906), but it can be distinguished by the morphology of chelicera and fang and by the shapes of embolus and paracymbium of the male palp.

Key words — Ogasawara islands, Nagano Prefecture, orb-weaving spiders, Tetragnathidae

Introduction

The genera *Glenognatha* Simon 1887 and *Pachygnatha* Sundevall 1823 (Araneae: Tetragnathidae), which are small orb weaving spiders that live near the ground surface, form closely related monophyletic group (Cabra-García & Brescovit 2016) and belong to the subfamily Tetragnathinae (Álvarez-Padilla & Hormiga 2011). The general appearances of these two genera are similar to one another, but they can be distinguished by the structure of male palp, including the shapes of paracymbium, conductor lamina, and embolus, and by the morphological characteristics of female tracheal system (Cabra-García & Brescovit 2016). *Glenognatha* and *Pachygnatha* currently comprise 32 and 43 known species worldwide, respectively (World Spider Catalog 2017), but there is a high probability of finding undescribed species (Cabra-García & Brescovit 2016).

Few species of these genera are distributed in Japan. In *Glenognatha*, only *G. dentata* Zhu & Wen 1978 has been recorded in Japan, from the Ryukyu Islands (Tanikawa 2009, 2017). In *Pachygnatha*, only *P. tenera* Karsch 1879, *P. quadrimaculata* (Bösenberg & Strand 1906), and *P. clercki* Sundevall 1823 have been recorded from the main islands of Japan (Tanikawa 2009, 2017). These species are widely distributed across Eurasia, and there are no members of the genera unique to Japan. However, we have recently recognized two undescribed species, each of which belongs to *Glenognatha* and *Pachygnatha* respectively, on the basis of specimens collected in Japan. Here, we describe a new species *G. osawai* from Muko-jima and Nakodo-jima Islands, part of the Ogasawara Islands located in the western North Pacific and approximately 1000 km south of mainland Japan (Ito 1998). This is the first record of this genus on the oceanic islands of Japan. Furthermore, we also describe a new species *Pachygnatha* as *P. monticola*, on the basis of specimens obtained from a mountainous region of central Honshu.

Materials and methods

All specimens used in this study were captured by hand and preserved in 75% (v/v) ethanol. The morphological features were observed under a stereomicroscope (SMZ1000, Nikon Corp., Tokyo, Japan; or M3Z, Wild Heerbrugg AG, Heerbrugg, Switzerland). All measurements were made by using an ocular micrometer on the stereomicroscope. Photographs were taken with an EOS Kiss X7 digital camera (Canon Inc., Tokyo, Japan) connected to the microscope. The holotypes and paratypes designated in this paper are deposited in the collection of the Department of Zoology, National Museum of Nature and Science, Tokyo.

Materials and methods：材料と方法
供試標本や検討手法について、詳細を記述します。

学名
ここでは「*Glenognatha osawai* sp. nov.」と新学名が提示されています。「sp. nov.」は新種であることを示す略語。また、同時に和名「オオサワヒメアシナガグモ」も挙げられています。（次頁①、②参照）

ホロタイプの指定
ここでは東京都小笠原村聟島で2015年6月28日から29日に採集された、写真の1の標本が指定されています。（次頁③参照）

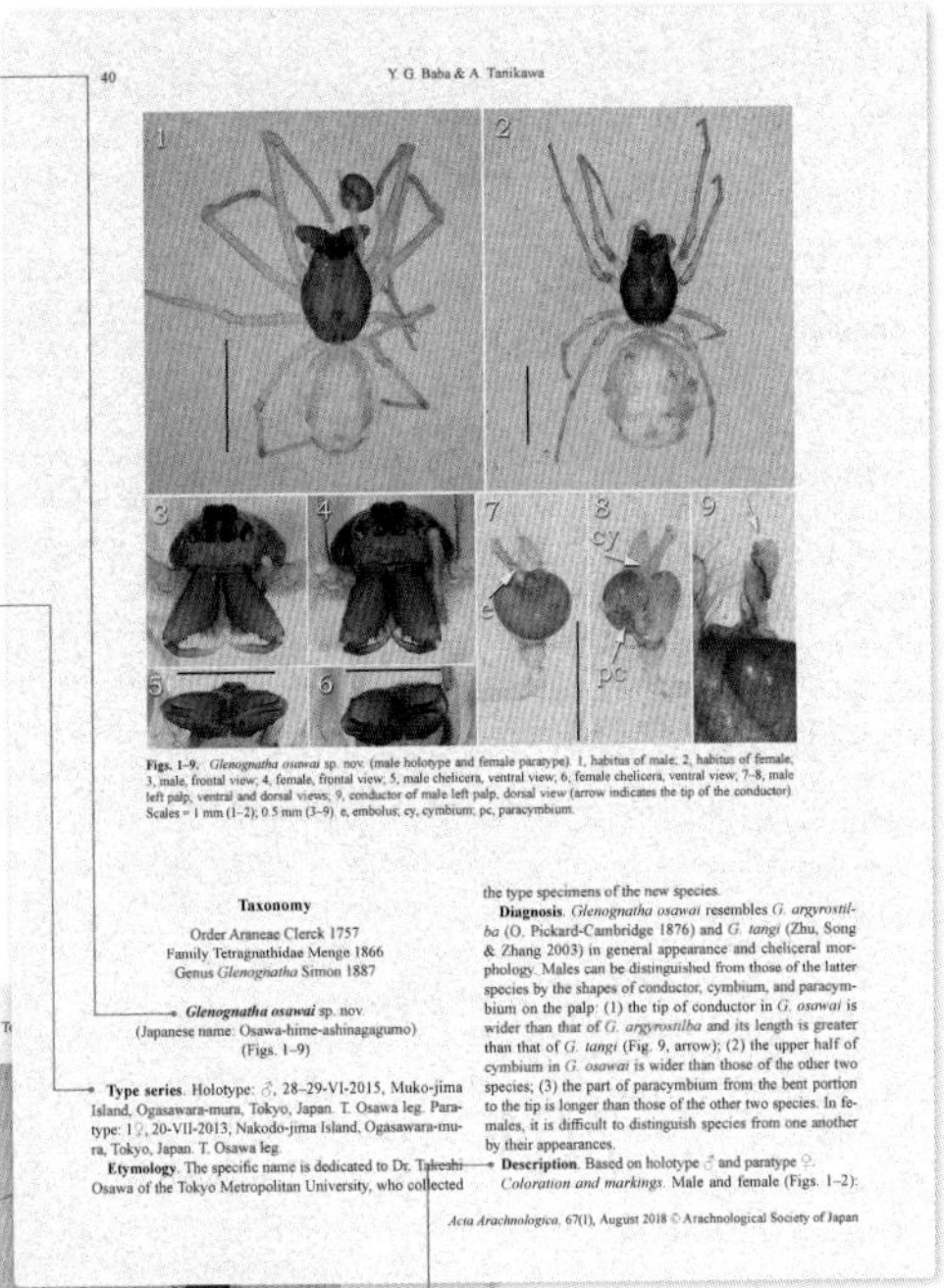

40 Y. G. Baba & A. Tanikawa

Figs. 1–9. *Glenognatha osawai* sp. nov. (male holotype and female paratype). 1, habitus of male; 2, habitus of female; 3, male, frontal view; 4, female, frontal view; 5, male chelicera, ventral view; 6, female chelicera, ventral view; 7–8, male left palp, ventral and dorsal views; 9, conductor of male left palp, dorsal view (arrow indicates the tip of the conductor). Scales = 1 mm (1–2); 0.5 mm (3–9). e, embolus; cy, cymbium; pc, paracymbium.

Taxonomy

Order Araneae Clerck 1757
Family Tetragnathidae Menge 1866
Genus *Glenognatha* Simon 1887

Glenognatha osawai sp. nov.
(Japanese name: Osawa-hime-ashinagagumo)
(Figs. 1–9)

Type series. Holotype: ♂, 28–29-VI-2015, Muko-jima Island, Ogasawara-mura, Tokyo, Japan. T. Osawa leg. Paratype: 1♀, 20-VII-2013, Nakodo-jima Island, Ogasawara-mura, Tokyo, Japan. T. Osawa leg.

Etymology. The specific name is dedicated to Dr. Takeshi Osawa of the Tokyo Metropolitan University, who collected the type specimens of the new species.

Diagnosis. *Glenognatha osawai* resembles *G. argyrostilba* (O. Pickard-Cambridge 1876) and *G. tangi* (Zhu, Song & Zhang 2003) in general appearance and cheliceral morphology. Males can be distinguished from those of the latter species by the shapes of conductor, cymbium, and paracymbium on the palp: (1) the tip of conductor in *G. osawai* is wider than that of *G. argyrostilba* and its length is greater than that of *G. tangi* (Fig. 9, arrow); (2) the upper half of cymbium in *G. osawai* is wider than those of the other two species; (3) the part of paracymbium from the bent portion to the tip is longer than those of the other two species. In females, it is difficult to distinguish species from one another by their appearances.

Description. Based on holotype ♂ and paratype ♀.
Coloration and markings. Male and female (Figs. 1–2):

Acta Arachnologica, 67(1), August 2018 © Arachnological Society of Japan

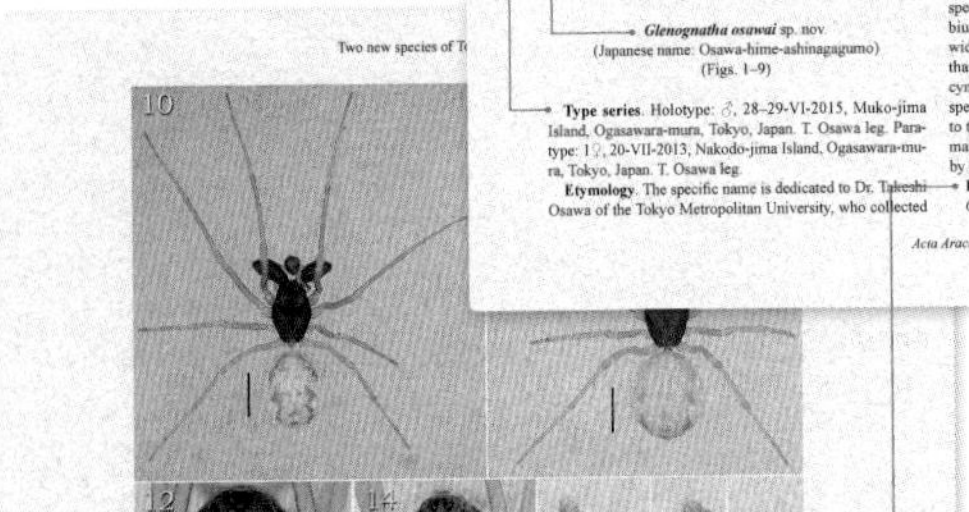

Two new species of T

Figs. 10–18. *Pachygnatha monticola* sp. nov. (male holotype and female paratype). 10, habitus of male; 11, habitus of female; 12, male, frontal view; 13, male chelicera, ventral view; 14, female, frontal view; 15, female chelicera, ventral view; 16–18, male left palp, ventral, dorsal and retrolateral views. Scales = 1 mm (10–11); 0.5 mm (12–18). e, embolus; cy, cymbium; pc, paracymbium.

carapace brown with dark brown markings; dorsum of abdomen light brown, mottled with pale green.

Measurements. ♂ / ♀. Body 2.00 / 2.69 mm long. Carapace 0.94 / 1.06 mm long, 0.64 / 0.76 mm wide. Length of legs (tarsus + metatarsus + tibia + patella + femur = total): I, 0.55 + 0.94 + 1.12 + 0.27 + 1.15 = 4.03 mm / 0.52 + 0.94 + 1.06 + 0.30 + 1.09 = 3.91 mm; II, 0.45 + 0.82 + 0.94 + 0.30 + 1.00 = 3.51 mm / 0.48 + 0.82 + 0.94 + 0.30 + 1.00 = 3.54 mm; III, 0.33 + 0.45 + 0.51 + 0.21 + 0.70 = 2.20 mm / 0.30 + 0.48 + 0.51 + 0.24 + 0.63 = 2.16 mm; IV, 0.33 + 0.63 + 0.72 + 0.21 + 1.03 = 2.92 mm / 0.36 + 0.70 + 0.81 + 0.21 + 0.94 = 3.02 mm. Abdomen 1.00 / 1.62 mm long, 0.75 / 1.38 mm wide.

Male and female. Carapace longer than wide (length divided by width, 1.47 / 1.39). Median ocular area slightly longer than wide (length divided by width, 1.08 / 1.07); posterior width as large as anterior (anterior width divided by posterior width, 1.08 / 0.93). Labium wider than long (length divided by width, 0.43 / 0.50). Sternum slightly longer than wide (length divided by width, 1.06 / 1.05). Length of leg I divided by length of carapace 4.29 / 3.69. Male palp (Figs. 7–9): embolus gently curved, cymbium bent near the middle, conductor enclosing embolus, paracymbium long and spatulate. Abdomen longer than wide (length divided by width, 1.33 / 1.18).

Distribution. Japan (known from Muko-jima and Nakodo-jima Islands, Ogasawara-mura).

Remarks. Some *Glenognatha* species are unique to oceanic islands, such as *G. hirsutissima* and *G. argenteoguttata*, which seem to have differentiated into unique species after reaching the islands from the continent by long-distance dispersal a long time ago. *Glenognatha osawai* was also found

Acta Arachnologica, 67(1), August 2018 © Arachnological Society of Japan

Description：記載文
その生物の形態的特徴を記載します。ここではクモの色や大きさについて、生物の記載文に多く用いられる電文体（telegraphic style：動詞を極力省いて要点のみを簡潔に伝える文体）で書かれています。英語では冠詞やbe動詞を用いません。この部分では、類似種との比較についてはあまり深入りする必要はありません。それらは備考（Remarks）や表徴（Diagnosis）でしっかり説明します。（次頁④参照）

本項では掲載していませんが、記載文の後に適宜「Discussion：論議（考察）」、「References：引用文献」が続きます。

記載論文には何を書く？

学術誌に掲載される論文の中で記載する場合は、表題や著者名の後に、その論文の概要を短く示した「要約 Abstract」および検索のための「キーワード Keywords」を置くのが通例で、これは新種記載だけでなく大半の記事に共通の形式です。

また近年は記事がオンライン公表される例が多くなりました。その場合、動物であればZooBankというオンラインデータベースに当該記事の書誌情報と記載予定の学名を事前登録し、その際にURLの形で付与されるLSIDを、記事中に明記することが義務付けられています。

論文の本文は研究前の歴史的経緯や既往知見の概略を述べた「緒言 Introduction」で始まり、次いで検討方法などを説明する「材料と方法 Materials and methods」が置かれます。

さらに、記載しようとする新種そのものに触れる前に、その新種が所属する上位分類群（例えば科や属）の明示や、関連情報の説明も必要です。これらは新種の記載そのものに対して必須ではありませんが、査読付きの雑誌に投稿して記載する場合は、抜かりなく記していないと審査を通るのは難しいでしょう。

さて、新種記載には下記の4つの要素が必須であり、それらのどれか1つでも欠けていたり不備があると、学名は使用可能な適格名となりません。

①学名　二語名法に則り、属名と種小名の2語を明記するのが最低限必要ですが、それらの間に亜属名を挟む場合もあります。さらに亜種の場合は、

種小名の後に亜種名も記します。

②新種を記載することの言明　学名の後ろに「n. sp.」(new speciesの略)を付け、「この新種を今ここで初めて記載しますよ」という宣言をします。ラテン語で「sp. nov.」(species novaの略)と記されることもあります。

③ホロタイプの指定　記載しようとする新種の標本のうち、ただ1個体を選び、産地などの詳細データ及び所蔵先（大学や博物館など研究機関が望ましい）、登録番号などを明示します。ホロタイプの産地が新種のタイプ産地です。

④記載文　記載しようとする新種の形態（形、色、大きさなどの特徴）を詳述します。大きさも数値で示し、データが多い場合は表として別掲します。

上記が必須項目ですが、これらのほか、和名など学名以外の名称、学名の由来（明示が勧告されています）、ホロタイプ以外の標本データ、分布と生息環境、近縁種との識別点などについても記述されます。

また、記載しようとする新種と同種と考えられる記録が、過去の文献において別の学名で掲載されている場合、それらの学名、著者、年、ページ、図の番号などを列挙し、同種であることを示した「異名表」も新種の学名の直後に示されます。

新種記載の後には、記事で扱う内容全体を総合的に考察する「論議（考察）Discussion」が、必要に応じて展開されます。最後に、この記事中で引用した先行文献すべての書誌情報を「引用文献References」に網羅します。

新種は「記載」されるもの
―「認定」「登録」は間違い―

新種がニュースなどで報道される際、「新種と認定」「新種を登録」などの表現が、今なお頻繁に見られます。しかし、これらは適切ではありません。新種はもっぱら「記載」されるものであり、「認定」や「登録」されるものではないからです。

あらゆる新種は、活字刊行物上に学名や形態的特徴などが明示されて初めて成立します。新種記載とはつまり、古今東西の文献の総体を1冊の巨大な書物とみなした時、その末尾のページに記載するという行為なのです。

一方、どの種が新種となるかは個々の著者の見解に基づくものであり、いわば「読者参加型の書物への執筆」という形をとります。もちろん、命名規約に定めるルールに従わなければ、学名は適格とは認められませんが、命名規約はいわば投稿規定に近い性質のものです。フォーマットに関する取り決めはあるものの、個々の新種の生物学的な妥当性は関知していません。少なくとも新種は、何らかの機関に権威づけしてもらったり、認証されたりする類いのものではありませんし、どこかのリストに登録されるわけでもありません。

一般向けの報道が新種を「認定」「登録」と繰り返すと、ありもしない「権威ある機関」や「リスト」が存在するのでは、という誤解を広めかねず、現実とは大きく乖離してしまいます。

本書では「新種は記載されるものである」という認識が広まることを期待しています。

chapter

1

陸地で発見!

南西諸島の森の中から、
時には街中の公園まで。
新種はあらゆる場所に潜んでいて、
出会いは突然訪れます。
ここではそんな陸地で繰り広げられる
新種発見のエピソードをご紹介します。

1

新種との出会いは突然に

後生動物 節足動物門 鋏角亜門 クモガタ綱

― ババハシリグモ ―

Dolomedes fontus

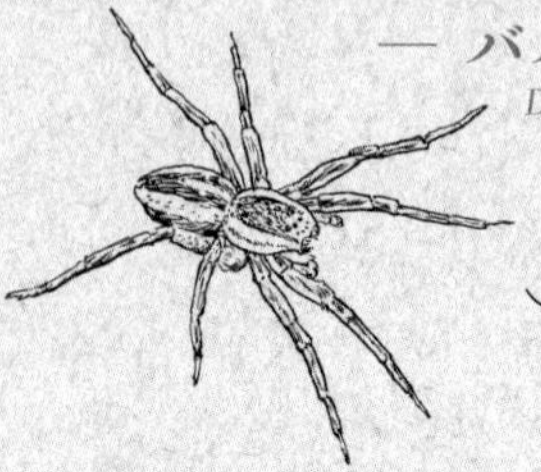

里山の湿った草地に
棲んでいます

発見した人 | 馬場友希 国立研究開発法人農研機構

未知なるハシリグモとの出会い

みなさんご存知、8本脚で糸を自在に操る、節足動物のクモ。私は子どもの頃にこのクモの生態に興味を持ち、現在は農研機構で生態学的な研究を行なっています。その傍らで、分類学的な研究も同時に行なっています。なぜなら、実は日本にはまだ名前がついていないクモがたくさんいるからです。

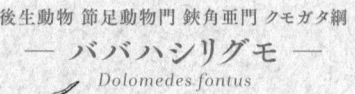

クモは分類学上は鋏角亜門クモガタ綱クモ目に属す生物で、よく混同されがちな六脚亜門昆虫類は昆虫綱に属す、亜門レベルで異なる生物です。クモは比較的分類が進んでいる生物だと言われますが、それでも毎年、日本からも新種[▼P217]が発見されています。

私は学生の頃から、さまざまな場所でクモを採集する機会がありましたが、その過程で多くの未知なるクモと遭遇してきました。ここでは特に印象に残っている、ある種との出会いを紹介したいと思います。

20代の前半、私は福岡から上京し、東京大学大学院でクモの研究をしていました。私が所属した研究室は生物多様性科学研究室と言い、研究室のメンバーは、シカやザリガニ、爬虫類、水生昆虫などさまざまな生物を対象に、生態学の研究を行なっていました。

このようにみな、違う生物を研究対象としているわけですが、野外調査ではほかのメンバーと協力し合うことも多く、私もよく彼らの調査地に手伝いに行っていました。

その出会いは2004年の春、千葉県房総半島の里山で、昆虫の調査手伝いに行った時のことでした。手伝いをしつつ、休憩時間にクモを探していると、水が溜まった休耕田にたくさんのクモを見つけました。

それは水辺を好むキシダグモ科のスジブトハシリグモ *Dolomedes saganus* という大型種でした。休耕田に大量に発生していたニホンアカガエルのオタマジャクシを狙っているようです。オタマジャクシの捕食の様子を観察しようと思い見ていると、その中にふと見慣れない模様のクモを見つけました。

スジブトハシリグモは名前のとおり、背面の真ん中に太い縦すじ模様が入るのですが、このクモにはそのような模様はなく、全身が茶色で、頭胸部や腹部に複雑な模様が入っていました。

ハシリグモ属は非常に色彩変異が多い仲間です。

さらに、サイズもスジブトハシリグモによく似ていたため、その時は「スジブトハシリグモの珍しい色彩変異かな」と思いました。しかし、何か奇妙な違和感を覚え、採集して飼育してみることにしました。

日本産ハシリグモ属は大型種が多く分類も進んでいるため、新種の可能性などは微塵も想定していませんでした。ただなんとなく「持ち帰らなければ」という強い意思が働いたことを覚えています。問題のクモと併せて、周囲でスジブトハシリグモも何個体か採集してこの日は帰りました。

飼育中に覚えた違和感

これらのクモを研究室に持ち帰り、飼育を始めました。スジブトハシリグモは水辺が好きなので、プラスチック容器にたっぷり水を入れ、そこに発泡スチロール製の浮島を作ってあげます。

そうして各個体を個別に飼育してみると、奇妙なことに気づきました。多くのスジブトハシリグモは水面に脚をつけて餌を待ち構えるのですが、この模様が違う個体はむしろ水を嫌がっていて、常に陸地にいるのです。

また、形態をよく見てみると、模様だけでなく、スジブトハシリグモに比べて脚が太短いことも気になりました。こうした行動と形態の観察の中で私は、「このクモ、もしかしてスジブトではないのでは……（だとしたら何？・）」という疑念を抱くようになりました。

謎のクモの正体を探る

そこで、いくつか追加の個体を採集した上で、当時同じ研究室に所属していたクモの分類学者・

谷川明男さんに、詳しく形態と、分子系統解析［▼P218］でDNAを調べていただきました。その結果、形態も、DNAの塩基配列［▼P218］も、スジブトハシリグモとは異なり、さらにほかの既知種［▼P217］とも異なることが判明したのです。つまり、私が見つけた個体は新種だったのです！こんな人里近くに生息する大型のクモが新種であるはずがない、という先入観があったので、この結果には大変驚きました。

大きな形態的な違いは体型で、ほかの近縁種［▼P217］と比べ、体の大きさに対して明らかに脚が短いという特徴がありました。また系統的な位置についてはスジブトハシリグモよりも、むしろイオウイロハシリグモ *Dolomedes. sulfureus* という種に近縁であることも分かりました。

イオウイロハシリグモは、水辺というよりは草地や林縁の植生上でよく見られるクモ。問題のクモは休耕田で採集したので意外でしたが、飼育時の水を嫌がる様子に納得しました。

その後、谷川明男さんにより、このクモはババハシリグモ *Dolomedes fontus* として2008年に新種記載されました（Tanikawa & Miyashita 2008）。私の採集した標本がタイプ標本［▼P216］となったため、光栄なことに和名に私の名前を献名［▼P217］していただきました。

ちなみに種小名については、ハシリグモ属には神の名（例えば、ギリシャ神話のトリトンから *D. triton*）がつけられている種がいるため、それに倣って「井戸と泉の神」を意味する *fontus* がつけられました。

余談ですが、ハシリグモ属の分子系統解析を行

なうにあたって、谷川明男さんとババハシリグモとハシリグモ属の近縁種を採集した際、その採集したクモの中に新たに分類学的検討が必要な種が含まれていることも分かりました。

そのクモはスジボソハシリグモ *D. angustivirgatus* として1936年に記載されたものの、その当時はイオウイロハシリグモの色彩変異の1つとして扱われていました。

しかし、系統解析と形態観察をきっかけに、この種がイオウイロハシリグモとは明確に区別することが可能な別種であることが分かり、*D. angustivirgatus* が再び有効名[▼P216]として復活することになったのです。

さらに谷川さんのその後の研究により、北海道・東北地方からは、それぞれカムイハシリグモ *D. senilis* という日本新記録種と、ミチノクハシリグモ *D. pegasus* という新種も発見されました（Tanikawa 2012）。そう、大きく目立つクモだからといって正体が分かっているとは限らないのです。

未知なるクモと出会うには

さて、思いがけない新種の発見に驚いた私でしたが、名前のついていないクモ自体は実は日本にたくさんいると考えられています。それは日本で記録されてきたクモの種数の変遷を見てもらうと理解いただけると思います。

1970年に日本で記録されているクモの種数は836種ほどでした。しかしその後、1990年には1111種、2010年には1551種、そして2020年には1647種と今も増え続けており、現在は1700種弱が知られています。つまり、年間16種ほどのペースで種数が増えてい

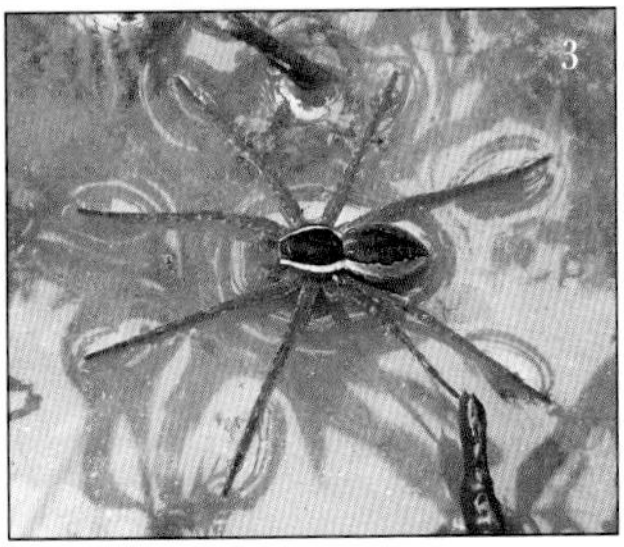

1 ババハシリグモ（吉田譲撮影） 2 ババハシリグモの生息地（栃木県の産地） 3 スジブトハシリグモ

人があまり
注目しない環境が
狙い目!

クモを採集中の私。

私が記載したワイノジハエトリ。（鈴木佑弥撮影）

るわけです。

学名がつけられていない種は「未記載種［▼P217］」と呼ばれますが、この未記載種にはいくつかのパターンがあります。

1つはそもそもこれまで存在自体が認識されてこなかった種です。今回、紹介したババハシリグモはこの例に該当します。

次に、すでに目撃されていたり、採集はされているけれど、実は近縁のよく似た種と混同されていて、名前がついていなかった（つまり複合種［▼P217］になっていて、未記載種と気づかれなかった）というパターンもあります。

さらに、存在は認識されているけれど名前がついていない、つまり分類が難しい（あるいは専門家がいない）ため、記載が保留にされているというパターンです。日本ではこのパターンに該当するクモが多く、例えば、サラグモ科やナミハグモ科のクモは極めて種数が多く、分類の難易度も高いため、未記載種が数多く存在します。

日本のクモ相はその後、多くの分類学者の努力により解明が進みましたが、それでもまだ存在すら知られていなかったクモが身近な環境で発見されるケースは多々あります。私も未記載種の標本を分類学者に提供したり、その後、自身で新種の記載も手掛けてきましたが、存在自体が認識されてこなかった種との出会いにはやはり、筆舌に尽くしがたい感動と興奮を覚えます。

例えば、奄美大島での調査中に出会ったアマミクサグモ *Agelena babai* は、民家の生垣に巣を作っており、本土に生息する近縁種のクサグモとはまったく外見が異なり、一目で未記載種だと分かりました（Tanikawa 2005）。クモの美しさと新たな発見の喜びが相まって、この種を見つけた時は思わず絶叫してしまいました。

また、人からいただいた標本の中にもたまに未知のクモが含まれていることがあります。例えば、山口県・秋吉台の草原で採集されたハエトリグモの標本は、これまで全く見たことのない姿で、一目見て唸ってしまいました。その後、この種は東京都の荒川河川敷など身近な環境にも生息することが分かり、外見的特徴からワイノジ（Yの字）ハエトリ *Marpissa mashibarai* と名付けて記載しました（Baba 2013）。

比較的分類が進んでいるクモの世界でさえ、未知なる種がまだ数多く存在するわけですから、自然の奥深さを感じずにはいられません。この原稿を書いていても、当時の新種発見の喜びや興奮が昨日のことのように思い出されます。クモ探しは底なしの面白さを秘めています。一生、やめることはできなさそうです。

馬場友希（ばば・ゆうき）　1979年、福岡県生まれ。九州大学理学部生物学科卒業、東京大学大学院農学生命科学研究科修了。国立研究開発法人農研機構・農業環境研究部門・上級研究員。博士（農学）。日本蜘蛛学会誌編集委員長。小学生の頃にクモに興味を持ち、大学入学以降、本格的にクモの研究に取り組む。クモの行動生態学に関する研究で学位を取得。現在は農地のクモの多様性や役割について研究を行なっている。

記載論文
Tanikawa, A. & Miyashita, T. (2008). A revision of Japanese spiders of the genus *Dolomedes* (Araneae: Pisauridae) with its phylogeny based on mt-DNA. *Acta Arachnologica*, 57(1): 19–35.

2

南の島で見つけた宝石

後生動物 節足動物門 昆虫綱

― ベニエリルリゴキブリ ―

Eucorydia miyakoensis

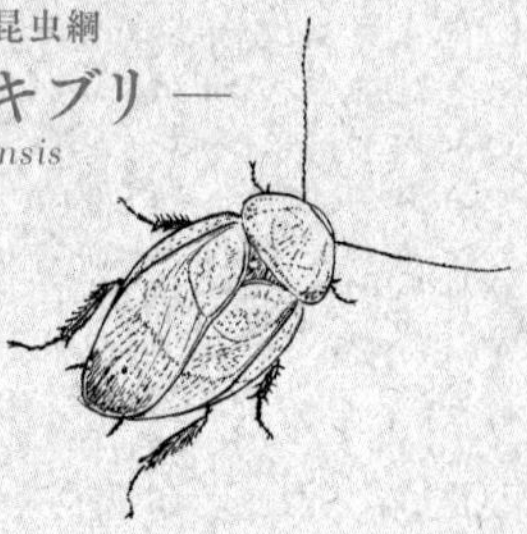
青い体にオレンジ色の帯が
チャームポイントです

発見した人 | 柳澤静磨  磐田市竜洋昆虫自然観察公園

美しきゴキブリを求めて

沖縄県の沖縄本島から南西に約300キロメートルの場所に、宮古島という島があります。宮古そば、マンゴー、泡盛などなど、美味しいものがこれでもかと言うほどたくさん。さらには日本一美しいと言われる砂浜を持つ、旅行するにはこの上ない美しい島です。2015年には、近くの伊良部島と宮古島を繋ぐ伊良部大橋が開通し、新たな観光名所となりました。天気がいい日にここを通ると、空と海の美しさを存分に感じることができ、小さな悩みなど吹き飛ぶくらいに気持ちがいいものです。

2019年6月、私は宮古島に降り立ちました。今回の目的は各種名産物でも、日本一美しい砂浜でもありません。私の研究対象、ゴキブリです。

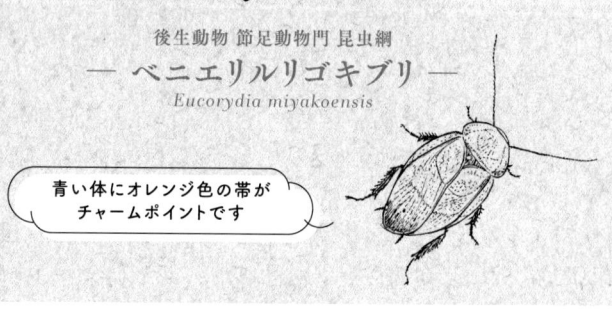

一緒に採集をする友人たちと合流し、虫探しに向かいます。今回私が狙っているのはルリゴキブリ属の1種。ルリゴキブリ属は日本産ゴキブリ類の中でもっとも派手で美麗なゴキブリたちです。

日本におけるルリゴキブリ属は近年まで八重山列島石垣島、西表島からルリゴキブリ *Eucorydia yasumatsui* が見つかっていただけでした。しかし2020年に私たちの研究グループによって、八重山列島与那国島から前翅に不明瞭な黄赤色の帯状紋を持つウスオビルリゴキブリ *E. donanensis*、宇治群島家島、吐噶喇列島悪石島、奄美群島奄美大島、徳之島から前翅に3つの明瞭な赤い斑紋を持つアカボシルリゴキブリ *E. tokaraensis* という2種の新種［▼P217］が記載され、ルリゴキブリ属に新たに加わりました。これにより、日本産のルリゴキブリは合計3種となりました。

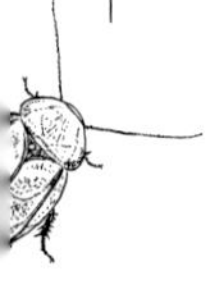

実はこの2種の論文執筆にあたり、博物館に収蔵されている標本の検討を行なっていた時、共著者の先生から宮古島で得られたとされるルリゴキブリの標本写真を見せていただきました。特徴はルリゴキブリやウスオビルリゴキブリ、アカボシルリゴキブリのどれとも違い、新種候補と思われましたが、サンプルが少なかったこともあり、論文には含めることができませんでした。

今回の宮古島遠征は、この新種候補のルリゴキブリを見つけることが目的です。これまでに得られていたのは目にした1個体のみで、7年前の標本。本当に宮古島にルリゴキブリの仲間が生息しているのでしょうか。まるで伝説の宝でも探すような気分です。

準備もそこそこに、友人たちと宮古島の森を歩き始めます。ルリゴキブリの仲間は5月から8月の晴れた日に、林縁部で葉の上や樹幹に静止している個体や、飛翔している個体が見つかっています。また、幼虫は枯れた木の樹皮下などで見つかっています。時期としてはぴったり。そして宮古島に滞在できる期間は5日間と、時間にも余裕がありました。

これまでさまざまな島でルリゴキブリ属の採集に成功してきているため、採集には自信がありました。もしこの島にルリゴキブリがいるのであれば、見つけることができるはず。

歩きながら葉っぱにとまっている個体や飛んでいる個体がいないか探します。同時に、隠れていそうな木も探していきます。そうしていると、イワサキクサゼミやモリバッタの仲間など南西諸島ならではの昆虫たちに出会います。普段見ることのない虫に出会う喜びは大きいもの。この調子で、ルリゴキブリも見つけるぞ！　と意気込みました。

しかし、結果は惨敗。ほかのゴキブリは多く採集できたものの、ルリゴキブリは影も形もなく、「いるのではないか」という場所の検討さえつけることができませんでした。あまりの厳しさに、がっくりと肩を落としてしまいました。

いざ、リベンジへ

数か月後、どうしても諦めることができず、リベンジに挑むことにしました。前回の採集から帰ってきてからは、毎日のようにグーグルマップ上で宮古島を旅し、「ここはいる可能性があるのではないか」「ここはダメそうだ」と探索を続けていました。便利な時代です。しかし、森の中までは見ることができず、結局は自分の足で探すほかありません。

宮古島に降り立ち、前回探した場所や、マップで見つけられそうなポイントを探します。しかしやはり見つかりません。「この島には、ルリゴキブリ属はいないのではないか？」という考えをぬぐい切れないまま、初日は終了しました。

次の日、引き続き探すも、引っかかりもしません。採集開始から数時間が過ぎ、今回もだめかもしれないとダラダラ歩いていると、林道から少し入ったところに一抱えほどあるような大きな朽ち木を見つけました。これまでの経験では、ルリゴキブリがこのような木から見つかったことはありません。しかし、ほかの面白い生物がいるかもしれないと思い、近寄って剥がれかかった樹皮の裏を確認してみることにしました。

中からはコガネムシの仲間の幼虫やノコバゼムカデが出てきました。私はムカデも好きなので喜んでいると、その横に茶色い何かがいるのが目に入りました。「ん？」と思ってよく見てみると、それはまさに、探し求めていたルリゴキブリ属の幼虫だったのです。

思わず「やった！」と声が漏れます。しかし喜ぶのはまだ早いです。このまま逃げられてしまってはこれまでの努力は無に帰ります。慎重に捕まえなくてはなりません。

樹皮にぴったりと張り付く幼虫が下に落ちないように左手を受け皿にしながら、右手でつまもうと試みます。しかし軍手をしているせいでなかなかうまくつまめません。ゴキブリの仲間は体が柔らかいので、強くつまむと死んでしまう可能性もあります。優しく、かつしっかりと捕まえるのはかなり難しいのです。

そうこうしていると、危険を感じたルリゴキブリの幼虫がちょろちょろっと動き始めてしまいました。このままだと逃げられる！　落として左手で受けるしかないと考え、慌てて指で刺激します。幼虫はコロッと転がり、左手に着地。ケースを取り出して、ついに採集することができました。達成感と安心感が同時に湧き上がってきます。やった、ついに採集したのだ！

その後も探し続けると、合計で9匹を得ることができました。帰りの空港で何人かの知り合いに連絡してしまうほどに嬉しく、誰かに伝えなくては爆発しそうでした。

宮古島での採集を終えて、職場である昆虫館に帰ってきた私は、採ってきたルリゴキブリ属の幼虫を飼育するセットを作りました。ルリゴキブリは幼虫の段階では全体的に茶色く、翅もありません。これはこれで大変可愛らしいゴキブリなのですが、成虫でないと交尾器などの確認ができないため、新種かどうか判断することができないのです。そのため、まずは飼育して成虫にする必要がありました。

ルリゴキブリ属の飼育はこれまでに多く経験してきたので、慣れたものです。15センチメートルほどのケースに腐葉土を3センチメートルほど敷き、水を含ませたミズゴケをケース半分ほど設置。あとはエサとなる昆虫ゼリーやネズミのエサを入れて完成です。採集してきた幼虫を飼育セットに投入し、飼育を開始しました。

羽化した成虫とついに対面

それから少し経ち、いつものように昆虫館に出勤して、ゴキブリの世話をしようかと飼育部屋に

ベニエリルリゴキブリ。左は終齢幼虫で、右はオス成虫。前翅の付け根にオレンジ色の毛が生えているのが特徴。

オスの大きさは約13mm。小型のゴキブリです

ルリゴキブリ属各種
1 ルリゴキブリ
2 ウスオビルリゴキブリ
3 アカボシルリゴキブリ

ルリゴキブリ属が生息する森林内の風景。さまざまな植物が生育しており、太い木が多い。

ルリゴキブリ属を飼育する際のセッティング。日本産はすべて同様の方法で飼育できる。乾燥させすぎず、湿らせすぎないのがコツ。

向かいました。エサを変えようと宮古島のルリゴキブリ属のケースを開けると、キラキラしたものが目に入りました。土をかぶっていますが、宝石のような輝きが少しだけ見えています。もしや、と思って慌てて土をどけると、そこにいたのは美しいオス成虫でした。

全体的にサファイアのような青さを持ち、前翅にはハッとするような鮮やかな赤さの帯状紋。息をのんでしまう美しさです。「おおおおお！」と声が出ました。こんなにも美しいゴキブリが日本にもいたのかと、興奮が抑えきれません。

標本で見た個体と同じく、ほかのルリゴキブリ属の種とは違うように見えます。しかし、詳細に検討するまでは新種候補であるかは分かりません。

とりあえず生きた状態で写真を撮ろうと、ケースごと事務所へ持っていきます。急いでカメラを準備し、白い紙の上に乗せて撮影開始。何枚か試し撮りを行ないました。そこで「おや？」とあることに気がつきました。

前翅の付け根に、なにやらオレンジ色の毛の集まりが写っています。個体のほうを確認すると、確かにオレンジ色の毛があり、角度によって目立ち、ホログラムのように見えます。これは、今まではほかの日本産ゴキブリでは見たことのない特徴です。

共著者の先生方にも連絡し、時間をかけて検討を進めた結果、はっきりとした帯状紋を持つこと、前翅の付け根にオレンジ色の毛を持つこと、そして腹部の色彩が異なること、分子系統解析［▼P218］の結果ほかの種とは区別されることなどから、新種であることが明らかになりました。そして、論文を執筆し、宮古島のこのルリゴキブリ属種を新種・ベニエリルリゴキブリ *Eucorydia miyakoensis* として発表しました。これにより、日本産のルリゴキブリ属は4種となりました。

ベニエリルリゴキブリは生息に適した森林が宮古島内に少なく、絶滅の危機に瀕している可能性があることから、記載後すぐに絶滅の恐れのある野生動植物の種の保存における法律(種の保存法)における緊急指定種に指定されました。これにより3年間は採集、殺傷などが禁止されます。こんなにも美しいゴキブリが未だ知られずにひっそりと生きており、さらに、知らぬ間に絶滅の危機にあったというのは驚きです。

種を記載するということは自然環境を理解するための大きな一歩。そしてそれは、保全を行なう上でも重要な一歩です。私はただのゴキブリ好きですが、マイペースにこれからも研究を行ない、少しずつ、ゴキブリの多様性を明らかにする歩みを進めていきたいと思います。

柳澤静磨（やなぎさわ・しずま）　1995年、東京都八王子市生まれ。幼少期からゴキブリが大の苦手だったが、2017年に西表島で出会ったヒメマルゴキブリのゴキブリらしからぬ姿に驚き、それ以来ゴキブリの魅力に取りつかれた。現在はゴキブリストを名乗ってゴキブリの展示や講演会などを通してゴキブリの魅力を伝えている。磐田市竜洋昆虫自然観察公園職員。ゴキブリ談話会世話役。

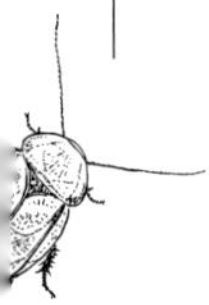

記載論文

Yanagisawa, S., Hiruta, S., Sakamaki, Y. & Shimano, S. (2021). A New Species of the Genus *Eucorydia* (Blattodea: Corydiidae) from the Miyako-jima Island in Southwest Japan. *Species Diversity* 26(2):145-151.

3

アパートの駐車場にいた最強生物

後生動物 脱皮動物上門 緩歩動物門 真クマムシ綱

— ショウナイチョウメイムシ —

Macrobiotus shonaicus

あなたの足元で
コケを食べています

発見した人 | 荒川和晴

慶應義塾大学大学院
政策・メディア研究科

地上最強生物・クマムシ

「クマムシ」をご存知でしょうか。もちろん「あったかいスープ」の芸人さんではなく、体長1ミリメートル未満の8本足の動物のほうです。肉眼では視認することすら困難な、しかしひとたび顕微鏡下でその子熊のようなよちよち歩きとつぶらな瞳を観察したならば、その可愛さの虜になってしまう生物です。しかもなんと、「地上最強」の生物としても名高いのです。

周囲の環境が乾燥すると、クマムシは乾眠《かんみん》と呼ばれる「生きていることを止めた」状態に入ることができ、また水をかけるとすぐに生き返ります。この乾眠状態のクマムシは、既に生きていることを止めているので、つまり何をしても死にません。絶対零度においても、電子レンジで3分間チンしても、ヒト致死量の1000倍の放射線を浴びせても、マリアナ海溝の一番深い場所の数十倍の水圧にさらしても、さらには宇宙空間に10日間放り出しても、へっちゃら。その後、水をかけてあげれば元気100倍です。

おまけにどんな生物にも似ずに、分類上は独自の門である緩歩動物門を形成し、その起源は三葉虫やアノマロカリスなどの登場で知られるカンブリア紀よりも古く、エディアカラ紀後期とされるのだから、謎の生物ここに極まり、でしょう。

そんな謎の生物はさぞかし辺鄙なところに棲んでいるだろうと思いきや、実はどこにでもいるし、相当身近なところにもいます。断言してほぼ差し支えないと思いますが、これを読んでいるあなたの半径100メートル以内（飛行機に乗っている場合にはその直下の地表か水面とさせていただきたい）にも必ず、そしてかなりの数のクマムシがいます。

緩歩動物門には2022年現在、約1300種が記載されており、南極やヒマラヤ、深海の海底などの極地に棲むものもいれば、そこらへんの道路沿いのコケや、木の幹に生えた地衣類にも普通に見つけられるものもいます。家や職場に駐車場があれば、車止めや段差に、あるいは歩道のガードレールの付け根あたりに、砂にまみれた干からびたコケがあることでしょう。そういう場所には高確率でクマムシがいます。

身近な存在ながらも、顕微鏡を通さねば見つけられず、でも探せば結構多くの種類がいて、その強さは電子レンジや冷凍庫なんかを使って調べやすい、とくるのだから、実はクマムシ探索は小学生の自由研究にも、もってこいなテーマなのです。

クマムシを見つける

さて、私は分子生物学者なので、普段はこのクマムシ乾眠の分子機構を研究しています。どのような分子の働きによって、クマムシが生命活動を停止したり再開したりできるのか、を理解すれば、ほかの生物にも同様の耐性を持たせることが可能になるかもしれないし、そもそも「生きている」ということはどういうことか、細胞が細胞として働くために必要な要素は何か、ということが解き明かせると考えています。

よって、普段は特定のクマムシを実験室内で飼育し、可哀想なのですが、そのクマムシたちを擦り潰して、取り出したDNAやほかの細胞内分子をさまざまな機器を用いて測定・分析することによって、文字どおりクマムシを構成する「分子」を研究しています。

つまり、野外に出ていって未記載種［▼P217］を探したりするような、すなわち新種［▼P217］を発見して記載するような仕事とは、本来縁遠い研究者です。それでも、自分の生活圏や訪れる場所にどんなクマムシたちが暮らしているのかを把握するのが趣味になっていて、日頃、そして出張先などで散歩する際には必ず封筒を複数持ち歩くようにしています。

「上を向いて歩こう」は言わずと知れた坂本九の名曲で、永六輔の歌詞が高度経済成長時の日本人のメンタリティに合致し、現在に至るまでキャッチフレーズとしてもよく用いられるものですが、クマムシ研究者は基本的に「下を向いて歩こう」が合言葉になります。

道端に存在するコケを注意深く観察しながら歩き、クマムシがいかにも好きそうな乾いた苔を見つけたなら、すかさずそれをひとつまみとって、封筒にしまい込み、簡単に採取地点と時間をメモ。乾燥したコケは、その中に住むクマムシも乾眠しているので、常温でも長期にわたってそのまま保存しておけます。

このとき、密封したプラスチック容器などでは中が結露して湿ってしまうことがあるので、クマムシ研究者は大抵、通気性がよく、湿度を適度に吸収できる紙の封筒を好んで採取に用います。安いし、かさばらないし、ラベル書きも容易なので非常に便利です。

そうこうして街中、あるいは出張先で集めたコケを、研究室での隙間時間に観察します。街中のコケからは、大抵の場合オニクマムシ、チョウメイムシ、ヤマクマムシの仲間などが見つかります。これらは体表がつるつるとした真クマムシ綱のクマムシですが、たまに背中に甲羅のような装甲を持ち、複数のヒゲ（付属肢）を持つトゲクマムシが見つかることもあります。これは言うなればレアなクマムシで、見つけた日には少しラッキーな気持ちで過ごせるものです。

クマムシを飼育する

分子生物学研究には、安定した飼育系が欠かせません。予期せぬ混入物を避け、実験室内で安定した条件でサンプルを扱えないと、再現性のある分子の解析が困難だからです。

しかし、実は実験室内で安定して飼育ができるクマムシはまだまだ非常に限られています。実際、クマムシの安定した飼育系が確立されてきたのは

２０００年代後半くらいからで、それまでは温度は何度で飼育したらいいのか、何を食べているのかすらよく分かっていませんでした。なので、私たちの研究もほとんどがここ10年以内にようやく進展を見せてきました。

クマムシの中には乾燥などの環境に対して耐性が強い種や弱い種、はたまたまったく耐性がないような種もいます。そのように、種すべてを一律に飼育できるわけではないことも、クマムシ研究を難しくしている一因です。そこで、私は散歩するたびに封筒に集めるクマムシたちを、とりあえず実験室内で飼育しているクマムシと同じ条件に置いて、生きながらえるものがいないか確認するようにしていました。

世の中そんなにうまくはいかないので、見つけてきたクマムシたちは、レアであろうとなかろうと、実験室内環境ではうまく生きることができず、可哀想だけど来る日も来る日も死んでしまっていました。そう、あの日までは。

２０１６年5月、いつものように家の周りを散歩して帰宅する直前、家の駐車場の片隅にクマムシがいかにも好きそうなコケがありました。これを最後に封筒に入れて持ち帰ったところ、予想どおり、そのコケには１００匹を超える大量のクマムシの一種・チョウメイムシの仲間がいました。何の気なしにこれらを実験室内に置いておいたら、翌週、お腹が緑色になっていることに気がついたのです。

私の研究室ではクマムシの餌としてクロレラを与えています。体が透明なチョウメイムシはその腸の内容物が透き通って見えます。お腹が緑色に

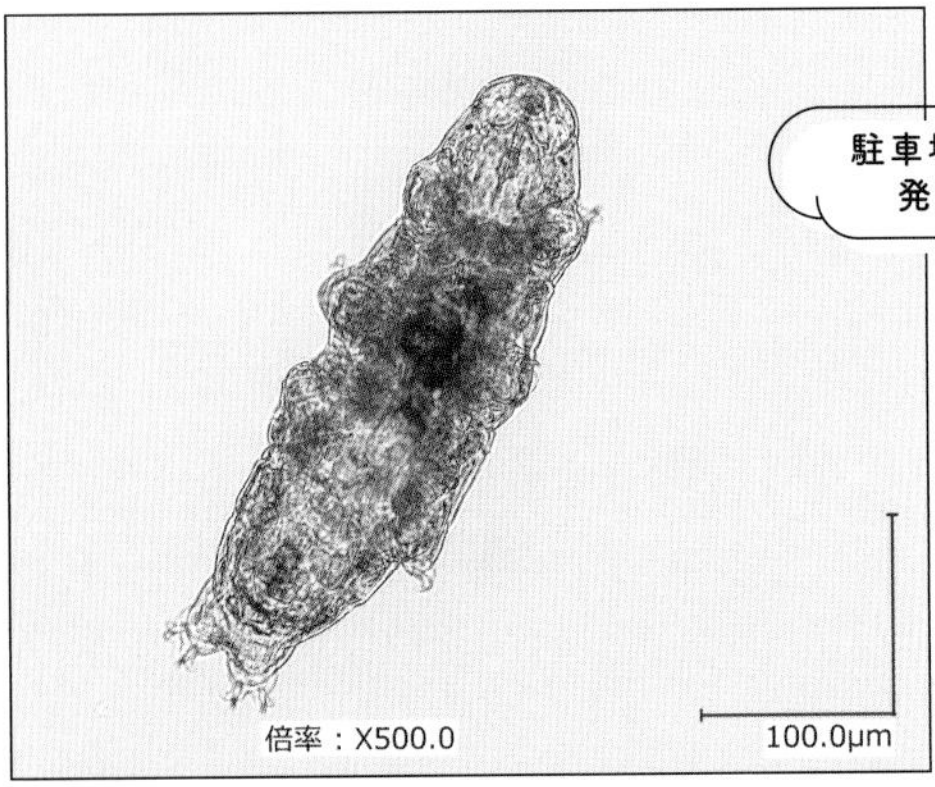

駐車場で荒川さんに発見されました

ショウナイチョウメイムシの実体顕微鏡像。右上が頭部で、黒い眼点が左右に1つずつ存在する。4対8本の節がない足を持ち、それぞれの足に特徴的な爪を持つ。

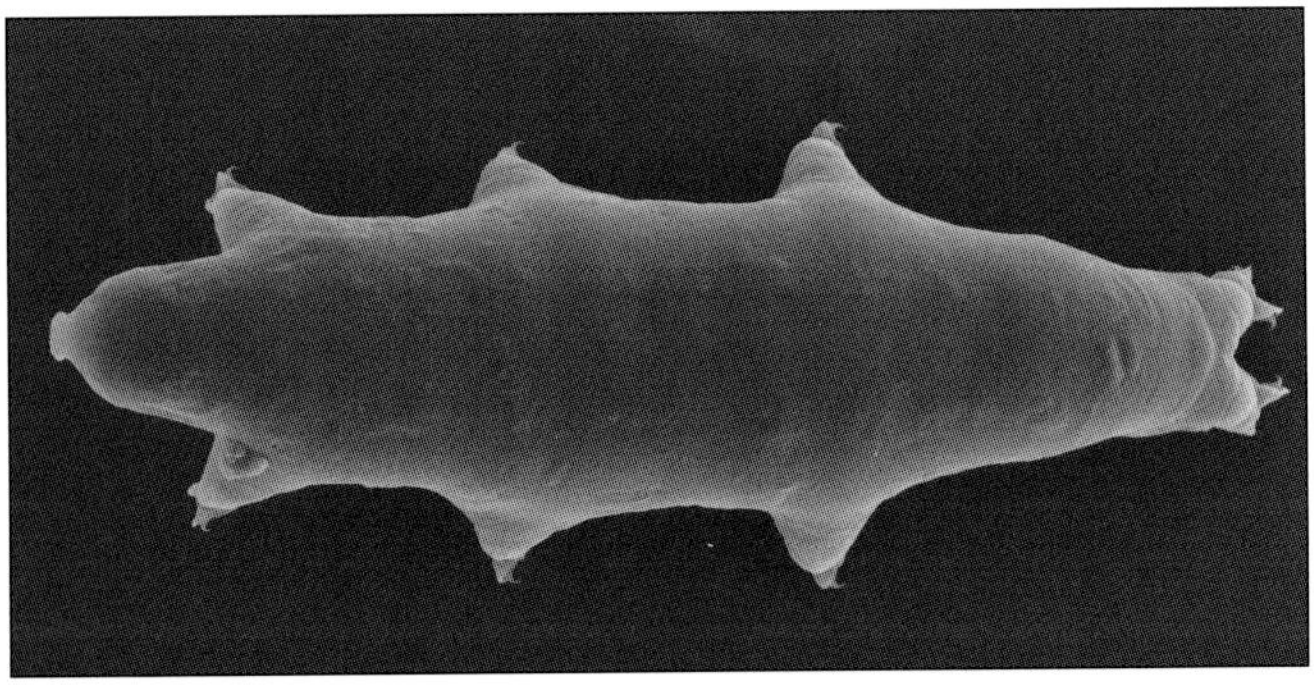

走査型電子顕微鏡で見たショウナイチョウメイムシ。これは倍率x500の像だが、これくらいの倍率ではほかのチョウメイムシと見分けがつかない。倍率x10,000くらいに上げると、口や爪、体表などに、本種の特徴が見えてくる。

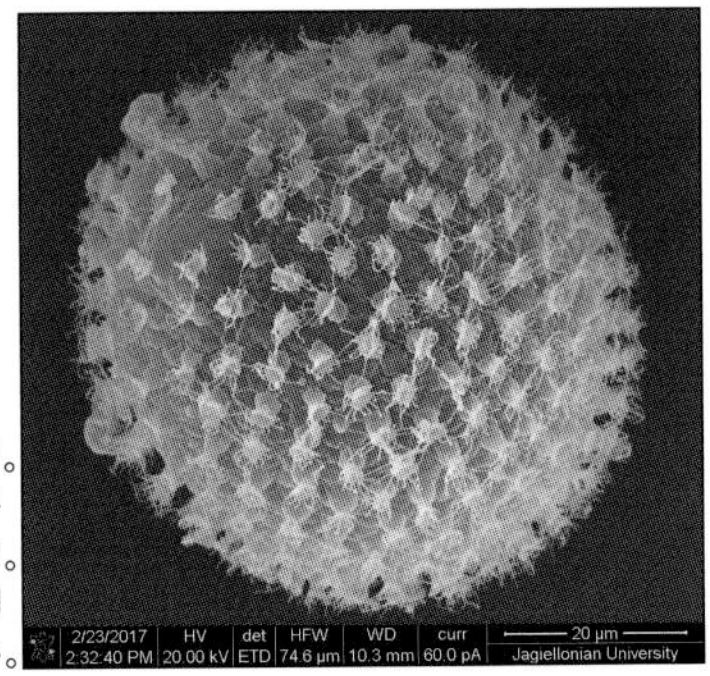

ショウナイチョウメイムシの卵。"Reverse goblet (逆杯)" と呼ばれる形状の多数の突起を持つ。チョウメイムシの種同定には卵の形状が重要となることが多い。

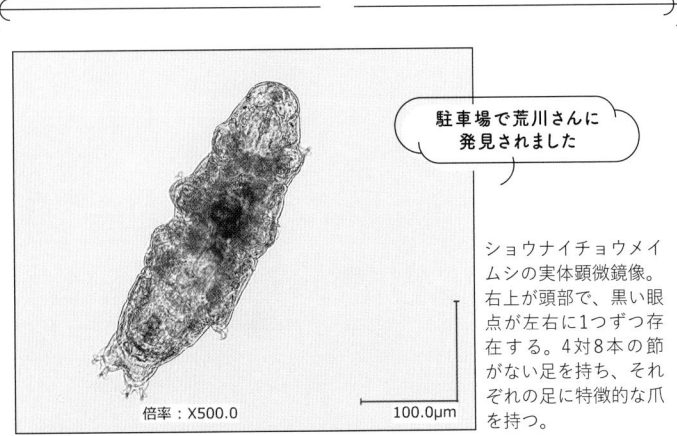

なっているということはつまり、クロレラを食べていることを意味しました。

ただ、野外から採取したクマムシがクロレラを食べることは稀とは言え、まったくないわけではないので、そこからさらに卵を産み、子が孵り、その子がさらにクロレラを食べ、さらにもう1世代回らなければ飼育できているとは言えません。これまで失敗を数多くしてきて板についている私は、あまり期待せずクロレラを少しずつ足しながら、様子を見ていました。

しかし、このチョウメイムシの仲間は徐々に私の心を期待で満たし始めました。1週間後、いくつかの卵が産まれていたのです。さらにその1週間後、多くの小さなクマムシが孵りました。そしてその数日後、この子たちのお腹も緑色になったのです。

いけるかも知れない。はやる気持ちで待つことさらに2週間、その子クマムシたちが2回の脱皮を経て成体になり、また子どもを産みました。見事に世代が回り、飼育に成功したのです。

クマムシのDNAを調べる

私の専門は分子生物学なので、クマムシは属くらいまでは見分けられても、種までは見分けられません。特に、チョウメイムシ属は成体では見分けがつかず、その卵で見分ける必要があるなど、素人には手をつけがたい印象が強くありました。ただ、日本には普遍種〔▼P217〕であるナガチョウメイムシ *Macrobiotus hufelandi* がいることが報告されていたため、おそらくこの種に該当するのではないか、と予想していました。

分子生物学者でも生物種を同定できる方法とし

て、分子バーコーディング［▼P218］という方法があります。18SrRNAやCOIなど、どの生物でも持っている遺伝子のDNA配列を調べることで、その配列の変異の入り方から、既知種［▼P217］と同じかどうか判定する、という方法です。

もちろんこの方法だけで同定することに問題がないわけではありませんが、十分に似た配列が得られれば、おおよそその種と同じであることが言えます。本種も念の為、ナガチョウメイムシであることを分子バーコーディングで確認することにしました。

——そう、分子バーコーディングで本来よかったのですが、実は私の研究室では、その頃クマムシ1匹から全ゲノム配列［▼P218］を決定する方法を開発していました。クマムシは小さいので、1匹から得られるDNAはわずか50ピコグラム程度であり、通常ゲノム解析［▼P218］に必要な量の数万〜数十万分の1しかありません。これを超微量な実験系を用いて、クマムシ1匹から全ゲノム配列を決定できるようにする、画期的な方法が確立しつつあったのです。

数年ぶりに実験室内で飼えるようになったチョウメイムシを、新たな実験動物として確立するためには、遅かれ早かれそのゲノム情報が必要になります。そこで、私はあろうことか、分子バーコーディングをすっ飛ばして、このチョウメイムシのゲノム解析を行ないました。

分子バーコーディングは種の判別に必要な1つの遺伝子の配列さえ解析すればよいもの。一方ゲノム解析は、その生物の遺伝情報のすべてである数万個の遺伝子＋αを解析します。トマトを1個買うのではなく畑ごと、ショートケーキ1個ではなくケーキ屋ごと買い取るような暴挙ですが、ともかく、この飼育できるチョウメイムシのゲノムを解析し、その中に含まれるCOI遺伝子の配列を解析したところ、どうもこの種はナガチョウメイムシではなく、さらに既知のどの種にも一致しないことが分かりました。おそらく通常ありえない道筋なのですが、この段階で本種が新種である可能性が濃厚になったのです。

謎のクマムシの正体は？

とは言え、私には種判別も記載もできません。そこで、すぐに同学年で親しくしているポーランドのヤギェウォ大学のクマムシ分類・動物学研究者、ルーカッシュ・ミハルチック教授に配列データとサンプルを送り、同定を依頼しました。すると、すぐに「これは新種のようだね、一緒に記載するかい？」という返信を受け、2018年2月に共著で記載論文を発表しました。

やはりこの種もほかのチョウメイムシの仲間と同様、特徴的な卵の形態が種判別のキーの1つとなりました。ルーカッシュは発見者である私に命名権を譲ってくれたので、私は発見場所や職場（慶應義塾大学先端生命科学研究所）のある山形県鶴岡市が位置する庄内地方にあやかり、ショウナイチョウメイムシ *Macrobiotus shonaicus* と命名しました。

クマムシは基本的にまだまだ飼育できる種が少ないので、論文が発表されるにあたり、私はこの記載論文に既に飼育系について言及がある点こそが、読者の興味を惹くポイントであると考えてい

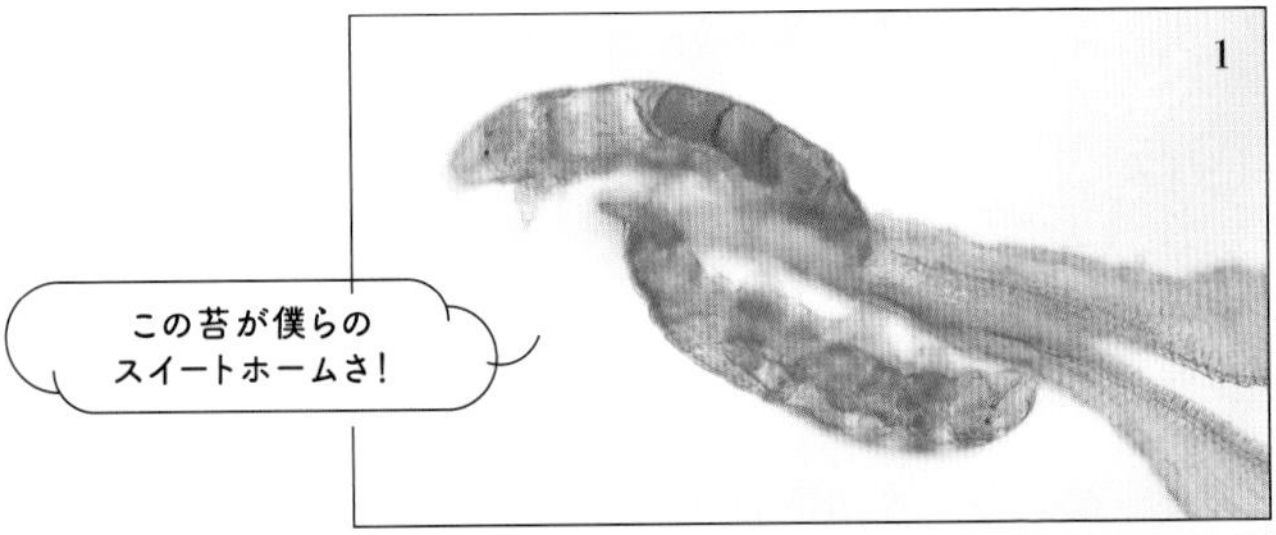

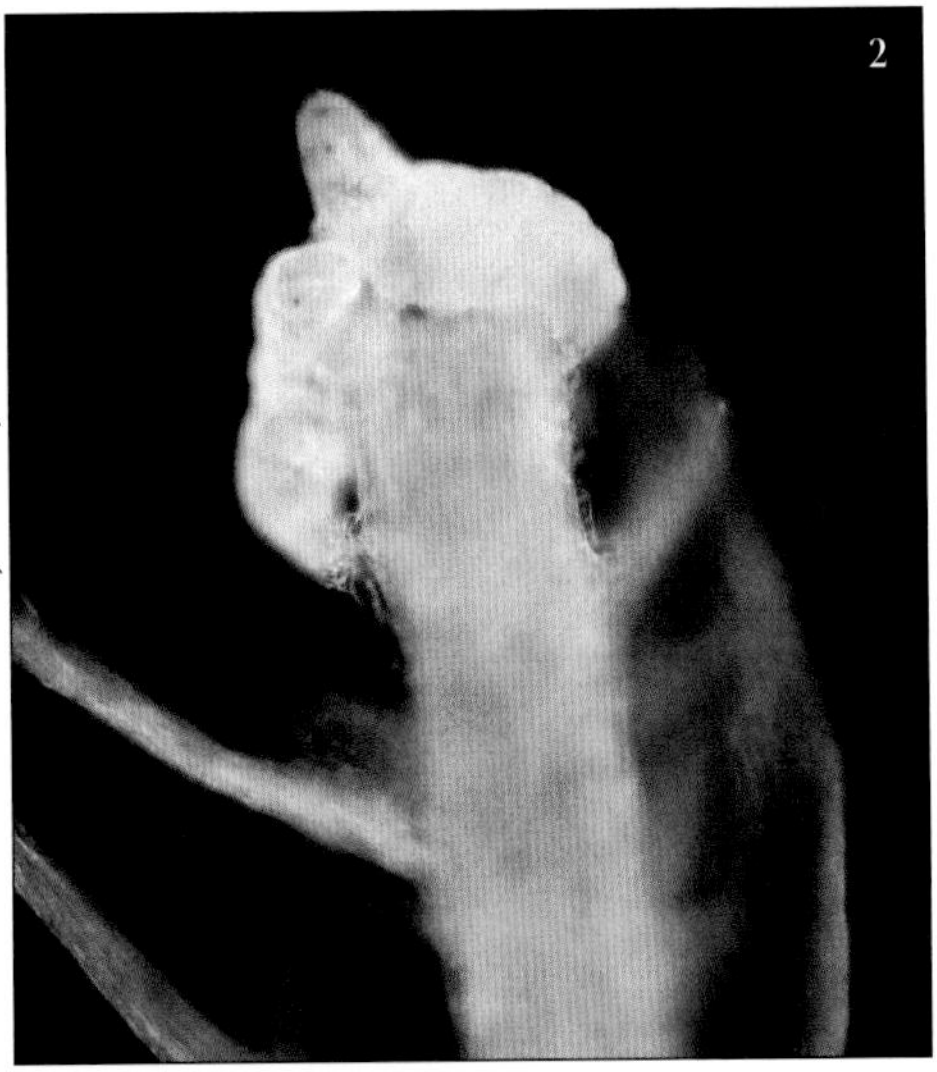

1 苔の上のショウナイチョウメイムシ。体は透明だが、光の具合によって白くも薄茶色にも見える。性別があり、オスとメスがいるのが飼育できるクマムシとしては珍しい。例えば、上側にいる個体はメスであり、背中に黒くて大きな卵のもとになる細胞が発達しているのが見える。**2** 苔の上を歩くショウナイチョウメイムシ。つぶらな瞳（眼点）がかわいい。（1、2ともに杉浦健太提供）

ショウナイチョウメイムシを発見した駐車場の苔。コンクリートの隙間など、極めて乾きやすい場所に生えていて、あまり緑色に見えず、むしろ茶色いくらいの干からびた苔を水に浸すと、顕微鏡下でもがくクマムシが見つかりやすい。

ました。

幸いなことに、ジャーナル側が興味を持ってプレスリリースをしてくださったおかげで、本論文は研究者だけでなく、*Newsweek*や*National Geographics*などの一般メディアでも広く話題にしていただけました。ただし、そこで取り上げられたのは一貫して、最強生物クマムシの新種が「自宅の駐車場」で見つかったことでした。

クマムシは本当にどこにでもいるのですが、それを知らなければ、得体の知れない宇宙空間にも放射線にも耐えられる生物の新種が自宅の駐車場から見つかるというのは、確かに意外性が高かったのかもしれません。

ちなみにメディアには伝えていませんでしたが、その「自宅」というのは、当時引っ越す前に仮住まいしていた「レオパレス」です。日本のみなさまにはより素朴なアパート感を抱いていただけるのではないでしょうか。

おかげさまでその後、飼育系とゲノム情報を伴うショウナイチョウメイムシは、実験動物として国内外の研究者に活用していただいています。特に、本種が飼育できるクマムシとしては珍しく雌雄異体なため、クマムシの生殖の研究のモデル動物に活用されている点は発見者冥利に尽きるところです。本種の発見は、先に飼育して、さらにDNAを解析しなければ、卵の形態まで含めて観察することはなかったので、いろいろな偶然の重なりの結果と言えます。

ちなみにその後、現在は群馬大学の杉浦健太博士によって、日本中のチョウメイムシ分布が調べられ、ショウナイチョウメイムシは庄内地方に限らず、本州に幅広く分布することが分かりました。さらに、これまでナガチョウメイムシだと考えられてきた種は、そのほとんどがショウナイチョウメイムシである可能性が示唆されています。命名にあたって、庄内産であることを強調する *shonaiensis* とする選択肢もあっただけに、そうせずに *shonaicus* としたことに少し安堵しています。

荒川和晴（あらかわ・かずはる）１９７９年生まれ。慶應義塾大学大学院政策・メディア研究科、先端生命科学研究所、環境情報学部 教授。博士（政策・メディア）。《最強生物》クマムシ乾眠を通じて物質－生命の境界を探究し、《最強素材》クモ糸高機能発現メカニズムの解析から情報－生命の連関を研究している。

記載論文
Stec. D., Arakawa, K. & Michalczyk, L. (2018). An integrative description of *Macrobiotus shonaicus* sp. nov. (Tardigrada: Macrobiotidae) from Japan, with notes on its phylogenetic position within the hufelandi group. *PLoS ONE*, 13(2):e0192210.

4

光合成も開花もやめた!?

植物界 維管束植物門 単子葉植物綱

— タケシマヤツシロラン —

Gastrodia takeshimensis

植物だけど、
葉緑素は持っていません

発見した人 | 末次健司 神戸大学大学院 理学研究科

光合成をやめた植物

みなさんは「植物の特徴は？」と聞かれた場合、なんと答えるでしょうか。多くの人が、葉っぱが緑色をしていることを挙げるのではないでしょうか。

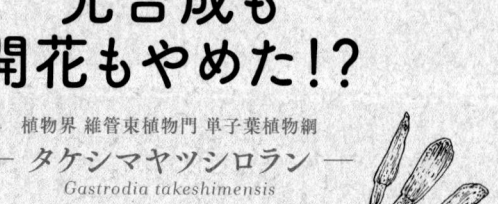

確かに、植物の多くは緑色をしていますね。これは、葉の中に緑色の色素（葉緑素）があるためです。植物はこの葉緑素を使って、日光に当たるとデンプンなどの炭水化物を作り、生長に必要なエネルギーを生み出しています。このような生き方を光合成、あるいは自分で必要なエネルギーを生み出すことから独立栄養と言います。

一方で、光合成をやめ、動物と同じようにほかの生物を「食べて」生活する植物がいます。このような植物を、ほかの生物に栄養を依存して生活しているので、従属栄養植物と言います。

従属栄養植物は、ほかの植物に取り付いて養分を奪う「寄生植物」と、キノコやカビの仲間から養分を奪う「菌従属栄養植物」の2つに分類することができます。このうち、寄生植物は世界最大の花をつけ、ブドウ科のつる植物に寄生するラフレシアなどが有名でしょう。

一方で菌従属栄養植物はあまり研究されておらず、つい最近まで腐った有機物から直接栄養を得ていると誤解され、腐生植物と呼ばれていました。実際には彼らは、キノコやカビを構成する菌糸《きんし》という細胞の集合体を根に取り込んで、それを消化して栄養としています。菌糸は肉眼では観察できないほど細かいため、一目見ただけでは、どうやって栄養をとっているか分からず、植物自身に腐った有機物を分解する能力があると誤解されてきたわけです。

従属栄養植物はどこにいる？

植物のアイデンティティは光合成にあると言っても過言ではないでしょう。植物がどのような進化を経て、光合成をやめることができたのかを明らかにすることは、非常に興味深い課題と言えます。しかし、これまで従属栄養植物の研究は進んできませんでした。その理由の1つに、発見の難しさがあります。

従属栄養植物は葉でデンプンを作る必要がないので、花が咲いて実をつける時にしか地上に姿を現しません。中には、地上に姿を見せる期間が1年のうち2週間程度のものまで存在します。また、小さなものが多く、1センチメートルにも満たないものもいます。さらに、昆虫に食べられるのを防ぐため、保護色をしている種もたくさんいます。見つけることすら困難なものが多いのです。

実は日本は、どこにどのような植物が生えているのかの調査が世界でもっとも進んでいる地域です。このため、新種［▼P217］の植物は1年間でも片手で数えるほどしか見つかりません。しかも、その多くは「既に存在を認識されていたが、正式には発表されていないもの」か、「既知種［▼P217］」を詳細に検討した結果、複数の種に分ける必要が生じ、発表された新種」のどちらかです。

一方、従属栄養植物は、これまで本当に誰も知らなかった種が、日本からでもまだまだ多数見つかる点で、ロマンがあるグループと言えます。私はそれらの不思議な生き様を解明すべく、日本であれば、北は北海道、南は沖縄まで、そして時には海外にも出かけ、これらの植物の観察を続けています。

野外で植物を見つめる過程で、従属栄養植物が驚くべき生活をしていることが分かってきました。ここでは、私が最初に発見した新種の植物である「タケシマヤツシロラン」を取り上げることで、従属栄養植物の生き様の一端をご紹介したいと思います。

未知のランとの出会い

私は25歳の時（2012年4月）、鹿児島県三島村竹島で調査を行なっていました。調査のメインの目的は、琉球大学の横田昌嗣先生が新種として学会発表はしたものの、正式に報告には至らず、正体が謎であったトカラヤツシロランの実態を解明することでした。ヤツシロランの仲間はクサスギカズラ目ラン科オニノヤガラ属に分類される従属栄養植物です。開花期の高さは3〜15センチメートル程度と小型であるものの、受粉すると長さ30センチメートル以上に急速に伸びる性質を持ちます。ちなみに「ヤツシロラン」の名前は、日本で初めて見つかったこの仲間が、熊本県の八代市で発見されたことに由来します。

調査では無事、トカラヤツシロランを発見することができましたが、それは残念ながら新種ではなく、すでに台湾からは報告されていた *Gastrodia fontinalis* と同種（つまり日本未報告種［▼P217］）であったことが分かりました。

ただし、その調査中に、私はこれまで目にしたことのないヤツシロランの仲間が生えていることを発見しました。さらに、周辺を隈なく探してみると、同じ種と思われるヤツシロランの仲間が100株以上も見つかりました。

奇妙なことに、花を咲かせている個体は1個体もなく、すべて蕾のままでした。さらに驚くべきことに、すでに受粉が終了し、花が萎れかけている個体も発見できましたが、そのような個体も花が開いた形跡はありませんでした。つまり、この時見つかった個体は、単に開花する前の蕾の状態だったわけではなく、花が開かないまま自家受粉を行ない結実するという変わった特徴を持っていたのです。現地で一目見た瞬間、新種だろうとほぼ確信しました。

研究室にこの植物を持ち帰り、詳しく調べてみたところ、分子系統解析［▼P218］から、この植物は既知種の中ではハルザキヤツシロラン *G. nipponica* に近縁であることが分かりました。ただし、花が開かない点だけではなく、花びらの形が単純化し、雄しべと雌しべが自家受粉が可能なように変形しているなど、花の内部構造の特徴でも既知種と明瞭に区別できました。

「種」をどのように定義するかは難しい問題ですが、花が開かないということは、花粉の運び手となる昆虫を仲立ちとした、他個体との花粉の交換の機会を一切放棄していることになります。つまりこの植物は、ハルザキヤツシロランなどのほかの近縁種［▼P217］と、生殖的に完全に隔離されていると言えます。

その後、詳細な比較・検討を経て、その他の形態でも明瞭に区別できることが分かり、本種を発見場所である竹島にちなんで、タケシマヤツシロラン *Gastrodia takeshimensis* と命名し、新種として発表することにしました。上記の見解は査読でも同意が得られ、論文もスムーズに出版されました。このようにしてタケシマヤツシロランは、1年のほとんどを寄生しながら地下で（引きこもって）暮らし、たまに地上（外）に出てきても一花も咲かすことのない植物として、国内外のメディアで「植物界のニート」として広く取り上げてもらえました。

そもそも新種の植物の発見が滅多にない日本において、一般的に植物という言葉から想像される特徴（光合成をし、花を咲かせる）を2つも失っている興味深い生態を持つ植物を発見し、それを最初に記載論文として発表できたことは、本当に嬉しい出来事でした。

閉鎖花の不思議

さて、花が開かないまま自家受粉を行ない結実

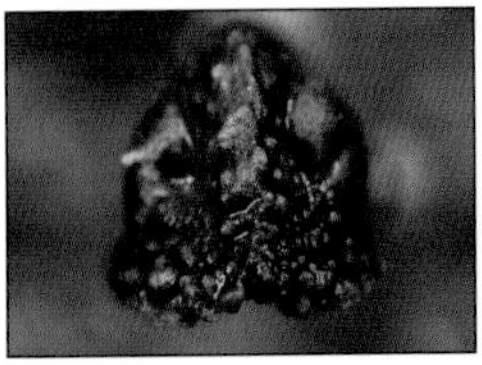

咲かない花をつけるタケシマヤツシロラン。蕾のようにみえる花（中央、山下大明撮影）はすべて受粉済みである。

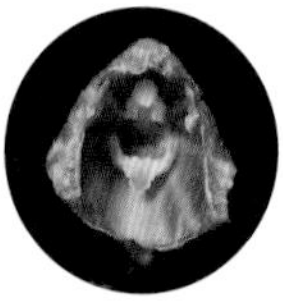

近縁のハルザキヤツシロランの花（閉鎖花ではない）。

末次が発表した新種の光合成をやめた植物。1ヤクシマソウ、2タブガワムヨウラン（山下大明撮影）、3コウヅシマソウ。

ボルネオ島のランビルヒル国立公園で光合成をやめた植物を探す末次（なおこの時は新種の植物を発見した瞬間）。

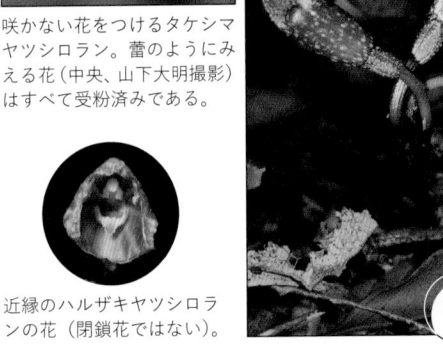

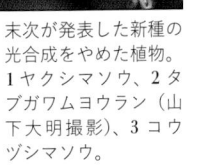

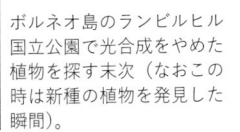

する花は、学術的な言葉では閉鎖花《へいさか》と言います。閉鎖花をつける植物自体は実はたくさんあります。みなさんに身近な植物では、スミレの仲間に多数存在します。しかし、一般的に閉鎖花は、送粉者がいない時期や、栄養源が乏しい条件下で子孫を残すための保障として存在するものです。つまり、普通の咲く花もつける植物が、保険として閉鎖花もつけるのです。

進化論で有名なダーウィンも、「咲かない花しかつけない植物はない」と述べており、今なお閉鎖花しかつけない植物が本当に存在するのかは大きな謎とされています。しかし、タケシマヤツシロランは約10年間の継続調査でも花を咲かせた個体が発見されず、遺伝子マーカー［▼P218］を用いた研究でも長期間自家受粉を繰り返してきたことが証明できたことから、閉鎖花のみつけるということで間違いなさそうです。

本種がなぜ閉鎖花しかつけないのかを解明することは今後の課題ですが、光合成をやめた生活と関係があると私は考えています。光合成をやめた植物は、普通の植物が進出できない暗い林床での生存が可能になる一方で、花粉を運んでくれる昆虫がほとんど生息しない中、受粉を達成しなければなりません。本種は暗い林床でも昆虫のサポートなしに受粉できる自家受粉を採用し、さらには、必要をなくしたために花を咲かせることも完全にやめてしまった可能性があります。

実は本種の発見以降、ヌカヅキヤツシロラン、クロシマヤツシロラン、アマミヤツシロランなど同じ仲間で閉鎖花しかつけない新種の発見が相次ぎました。また、ヤツシロランの仲間とは独立して光合成をやめたクロムヨウランも、閉鎖花しかつけないことが明らかになったことから、やはり光合成をやめる進化が閉鎖花に影響した可能性が高そうです。

しかし、この進化にはそれなりに不利益もあるはずです。実際に、他個体との遺伝子の交換は環境への適応の速度を早めるのに重要であることが知られていますし、自家受粉を繰り返すと有害突然変異がより蓄積し、成長に悪影響が起こることも知られています。このため、ほかの個体との交配の機会を失った植物は、袋小路に迷い込み、長い進化の過程では消えゆく運命にあるのかもしれません。タケシマヤツシロランの生活は一見するとお気楽なものに思えますが、「ニート」になるのも楽ではないのです。

末次健司（すえつぐ・けんじ）　1987年生まれ。神戸大学大学院理学研究科生物学専攻・教授。光合成をやめた植物（菌従属栄養植物、腐生植物、寄生植物）の研究を行なう。専門は、植物、昆虫やキノコの自然史（生態、系統進化や分類）。

記載論文
Suetsugu, K. (2013). *Gastrodia takeshimensis* (Orchidaceae), a new mycoheterotrophic species from Japan. *Annales Botanici* Fennici, 50(5): 375–378.

5

冬虫夏草少年の直感

菌界 子嚢菌門 フンタマカビ綱

― クサイロコメツキムシタケ ―

Metarhizium brachyspermum

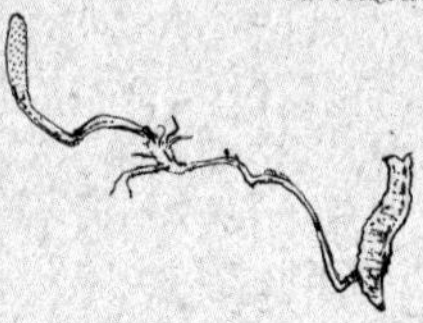

コメツキムシの
仲間に
寄生しています

発見した人 | 山本航平 栃木県立博物館

きのこの新種は珍しい?

私は博物館に学芸員として勤めながら、菌類の研究をしています。さまざまな仕事が降ってくる中、日課として業務に関わる新聞記事に急いで目を通すのですが、思わず手を止めてしまう見出しがあります。それが「新種発見」です。

この手の記事をたくさん読むと、次第に世の人々が新種［▼P217］に抱く思い込みがあることが分かってきます。その1つが、新種の生物は滅多に見つけることができない希少なものである、というものです。確かに、大型の動物や植物の場合、研究者や愛好家の人口が大きく、国内における種多様性についてはかなり調査が進んでおり、新種は容易く見つかるものではありません。しかし、同じく目立つサイズの生物である「きのこ」

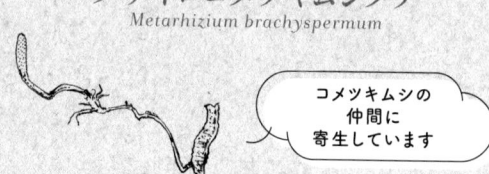

の場合、話は違ってきます。

きのことは、かびや酵母なども属する真菌類(菌類)の仲間です。私たちが普段きのこと呼んでいるのは、きのこが生活環の中の短い期間に作る、子孫を残すための器官である子実体《しじつたい》にあたります。子実体は、巨大な生殖器官である点で似ている植物の花にしばしば例えられます。

1800年前後から西洋で始まった菌類の記載では、当初は子実体の肉眼的な特徴が特に重視されていました。明治時代以降、日本にも生物学が導入されると、日本人菌学者が現れ、国内に分布する菌類のリストアップが主に形態の特徴を元に進められました。ところが近年、分子系統解析「▼P218」が用いられるようになると、見た目は既知種「▼P217」によく似ているけれど、塩基配列「▼P218」の比較により新種の可能性が浮上する種が多数見つかり始めたのです。このような、改めて顕微鏡下で調べて初めて形態的な差異が見出せる、いわゆる隠蔽種「▼P217」が、菌類には相当数存在すると言われています。

また、菌類の中には、特定の植物や動物からしか生えない種が存在します。zombie-antと呼ばれる菌類をご存知でしょうか？ アリの仲間に寄生し、ゾンビのような異常行動を引き起こすタイワンアリタケという冬虫夏草の仲間です。冬虫夏草とは主に昆虫に寄生する菌類で、生きた宿主の体内から養分を奪い、宿主を殺してから子実体を生やす、昆虫病原菌の仲間の総称であり、私の専門分野です。

このzombie-antの代表種は、南米を中心に、北米やアジアに広く分布すると考えられてきましたが、近年の研究の結果、実は宿主のアリの種ごとに別種が寄生していることが判明しました。この研究結果に基づいて、アリ1種に対して1種のzombie-antが存在し、その数は580種に上るという驚くべき推定もなされています。

では、このような隠蔽種や宿主特異性を考慮して、菌類の総種数を推定すると何種になるのでしょうか？　なんと、近年の推計では300万種という値が示されています。対して、現在までに正式に記載された菌類の種数は約12万種。つまり地球上に生息する菌類のわずか4パーセントにしか名前がついていないのです。私たちが森で出会うきのこには、ほぼ確実に未記載種「▼P217」が含まれていると言っても過言ではないでしょう。

ここまで読んでいただくと、きのこの新種は案外身近に生えていそうだと感じていただけると思います。私自身も、初めて新種を見つけた！　と喜んだのは小学5年生の頃でした。しかし、その新種、クサイロコメツキムシタケ *Metarhizium brachyspermum* に名前をつけて発表するまでには、長い道のりがありました。

父が見つけた萌黄色の冬虫夏草

小学3年生の春、地元京都の神社で冬虫夏草を見つけてから、私は森に出かけては冬虫夏草を探す日々を送っていました。そんな私が5年生になった2000年6月18日のこと。京都府宇治市の平等院に近い里山で行なわれたきのこ観察会で、探索を終え集合場所で待っていた私に、遅れて到着した父が、近くで採ったという冬虫夏草を手渡しました。それは、地中のコメツキムシ類の幼虫から、萌黄色の子実体を生やした冬虫夏草でした。

何度も図鑑を読んでいた私は、一日で新種の可能性が高いと直感しました。緑色系の子実体を持つ冬虫夏草自体が非常に珍しい存在で、当時コメツキムシ類に寄生する種類は知られていなかったのです。

ところが、残念なことにこの冬虫夏草は胞子を形成していない未熟な状態で、きのこの先生に見ていただいても、「成熟した状態で胞子を見ないと、正確なことは分からない」と言われてしまいました。何とか自宅で追熟させようと試みましたが、成長は止まってしまい、ついに成熟した姿を見ることはできませんでした。

その後も毎年のように、6〜7月になると、父が採集した場所である登山道沿いのツブラジイの根元をくまなく探しました。年月が過ぎ、きのこの研究をするために2008年に信州大学に進学してからも、地元に帰省しては、いわば聖地巡礼の如くこの登山道を探しました。しかし、とうとう再発見は叶わないまま、ツブラジイは切り倒されてしまいました。

その後、大学で研究を続けていたある日のことです。中国から見つかった冬虫夏草の論文に目を通している最中、なんと*Cordyceps campsosterna*という学名で、探し続けていた冬虫夏草と瓜二つの新種が2004年に記載されていたことに気づきました。発見自体は先でしたが、新種記載で先を越されてしまったかもしれない、というショックを味わったのは、この時が初めてでした。

それからしばらく萌黄色の新種候補への熱は冷めていたのですが、思わぬ場所で再会を果たすことになります。2017年に栃木県宇都宮市に移

り住んだ私は、6月のある日、どんな冬虫夏草が生息しているのか知るために、家から3キロメートルほどの場所にある緑地公園へ出かけました。

斜面の中腹に続くなだらかな山道を境に、谷側はスギ林、山側はイヌシデ、コナラ、シラカシなどが茂る場所で、適度に湿り気が保たれた、いかにも冬虫夏草が好みそうな法面があったので、おもむろに地面に顔を近づけました。すると突然、17年前に見たのと同じ、地上に2〜3センチメートルほどの新芽のような、萌黄色の子実体が視界に現れたのです！　思いもよらぬ再会に喜びましたが、またしても見つかった子実体は未熟でした。そこで、前回と同じ失敗をしないよう、現地に残して成熟を待つことにしました。

そして7月になり、そろそろ成熟する頃だろうと現地を再訪すると、件の冬虫夏草は成熟し、深みを増した草色の子実体へと変化を遂げ、そこに残っていてくれました。

成熟を確認できたので、次はいよいよ採集です。冬虫夏草はしばしば、地中の宿主から、太さ1ミリメートル程度の細く脆い柄を伸ばして地上に子実体を生やします。したがって、慎重に掘らないと柄が切れてしまい、宿主が見つからない恐れがあります。

ピンセットで慎重に黒土を崩していくと、5センチメートルほど掘ったところで、急に地中に穴が開き、蛹室が見えました。そっと蛹室を崩すと、その中に、菌糸に覆われたコメツキムシ類の前蛹が姿を現しました。それを見て、「ついに、17年前からの宿題を片付けられる時が来た」と、喜びが沸き起こってきました。

この標本がホロタイプになりました！

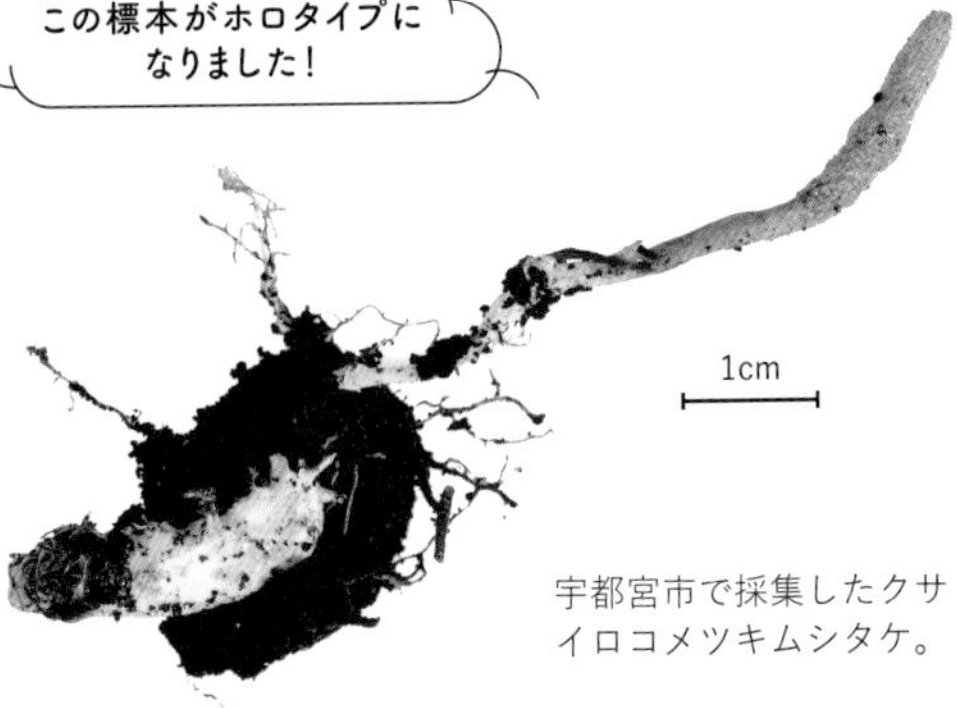

宇都宮市で採集したクサイロコメツキムシタケ。

1 クサイロコメツキムシタケの基準産地。左側の斜面の下部の法面から見つかりました。この場所ではおよそ10種類の冬虫夏草が見つかっています。**2** クサイロコメツキムシタケの発生状況。一見したところ草の芽のようで、見落としやすいです。

新種クサイロコメツキムシタケを多くの人々に見ていただくために、2020年に栃木県立博物館で展示を行ないました。

17年越しの新種記載

17年前、緑色の冬虫夏草は未熟で、胞子を確認できませんでした。しかし今回は成熟しています。果たしてこの冬虫夏草は新種か、あるいは中国から見つかった *Cordyceps campsosterna* と同種なのか、期待と不安を抱きながらプレパラートを作製し、顕微鏡で観察してみました。すると、胞子など複数の計測結果から、両者の間には明確な差があると分かりました。

緑色の子実体を形成する冬虫夏草は2000年代以降に複数記載されていたので、その全種との間で、寒天培地上での性状や顕微鏡下での特徴を比較し、形態的に新種だろうという確信を持つに至ったのは同年の冬でした。そこで、神奈川県立生命の星・地球博物館の折原貴道博士や、きのこの種菌会社に勤める大前宗之氏の協力を得ながら、塩基配列の決定を行ないました。この間、PCR［▼P218］機器の不調に悩まされ、なかなか結果が出ず歯がゆい思いをしながらも、2018年中には何とか分子系統解析も実施することができ、データが揃ったのでした。

こうして得られたデータをもとに、業務の合間を縫って毎日少しずつ論文を書き進め、標本の博物館への寄贈などの手続きを終え、投稿の準備が整いました。最後の仕上げは、新種記載を行なう者が味わえる特権とも言える作業、命名です。ラテン語辞書や文法書を眺めてあれこれ考え、胞子の長さが短いことを意味する *brachyspermum* という種小名を与えました。和名は、見事な草色の子実体を見た時から、色彩を冠したものにしようと決めていたので、クサイロコメツキムシタケに落ち着きました。

そして、リジェクトされないよう願いながら、論文を投稿した時には、すでに宇都宮市での再会から2年が経過していました。論文を投稿してしばらくすると、査読者からのコメントが返ってきました。データの取り直しや、再解析を要求されることも珍しくないのですが、今回は概ね高評価で、軽微な修正を経て3か月で受理、そしてクサイロコメツキムシタケ *Metarhizium. brachyspermum* は晴れて、正式に記載された新種となったのです。この時の達成感は、今でも忘れられません。

このように、新種は見つけてからが大変で、状態のよい標本を集めたり、類似種［▼P217］との比較に取り組んだりするうちに、あっという間に数年が過ぎてしまいます。そして、贅沢な（？）悩みかもしれませんが、菌類分類学者は大抵、記載せねば、と思っている新種候補をたくさん抱えて、時間が足りないと嘆きながら生きています。地球上に生息しているであろう、288万種の未記載の菌類に名前を与えるには、菌類研究者の数がまだまだ足りません。本稿を読んで、菌類の新種記載に関わりたい、と思ってくれる方が現れることを期待しつつ、筆を置くこととします。

山本航平（やまもと・こうへい） 1989年、京都府生まれ。栃木県立博物館で学芸員を務める。専門は冬虫夏草などの菌類の分類学。博士（農学）。日本冬虫夏草の会理事。

記載論文

Yamamoto, K., Ohmae M. & Orihara, T. (2020). *Metarhizium brachyspermum* sp. nov. (Clavicipitaceae), a new species parasitic on Elateridae from Japan. *Mycoscience*, 61(1): 37-42.

6

さえずりとDNAの違いが導いた発見

後生動物 脊椎動物門 脊椎動物亜門 鳥綱

— コムシクイ —
Phylloscopus borealis

— オオムシクイ —
Phylloscopus examinandus

— メボソムシクイ —
Phylloscopus xanthodryas

それぞれ鳴き声が違います

発見した人｜齋藤武馬

公益財団法人
山階鳥類研究所

メボソムシクイ類の分類事情

みなさんは、メボソムシクイという鳥をご存じでしょうか？

このメボソムシクイは、ムシクイ類という鳥の仲間の一種です。日本では1500メートル付近から上の亜高山帯に生息しているので、登山でもしない限り普段出会うことはなく、知らないのも無理もないかもしれません。そもそも、種名から鳥の一種だということも分からない方もいるのではないでしょうか？

身近なところでは、池袋駅のJR山手線のホームで流れている鳥の声は、じつはメボソムシクイのさえずりです。いずれにせよ、スズメやカラス、ツバメなどの身近な野鳥と比べると、馴染みが薄い鳥であることには変わりありません。

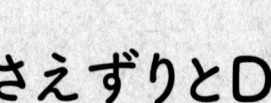

メボソムシクイはスズメ目ムシクイ科ムシクイ属に分類される小鳥で、学名は従来 *Phylloscopus borealis* とされてきました。体長は12センチメートルほど、その分布域はユーラシア北部を中心として、西はスカンジナビア半島からシベリア北部、モンゴル、バイカル湖周辺を経て極東ロシアから日本まで、東はアラスカ西部までの広域な地域で繁殖する、とても分布域の広い種です。

また、非繁殖期はすべての個体群［▼P218］が東南アジアやフィリピン、インドネシア等まで渡り、越冬します。この広い繁殖分布域のためか、このメボソムシクイには複数の地理的変種つまり、亜種［▼P217］が各地域にいるとされていて、その数については研究者の分類の見解によっても異なり、4亜種に分けることが多いですが、もっとも細かく7亜種に分ける場合もあります。

それら亜種は、日本を基軸として、繁殖分布域の西側から順にいくと、まずスカンジナビアからチュコト半島まで広く分布するのが、基亜種コムシクイ *P. b. borealis*（以下亜種の表記は亜種小名のみとし、それ以外は略す）です。ちなみにこの *borealis* については、広域な分布域の中をさらに分割して、西側に分布するものから、*talovka*、*transbaicalicus*、*borealis* の3亜種に細かく分けるという見解もあります。

また、ユーラシア南東部には亜種 *hylebata*（和名なし。分類学者によってはこの亜種を認めない場合もある）、新大陸のアラスカでは亜種アメリカコムシクイ *kennicotti* が分布します。

一方、日本の亜高山帯で繁殖する亜種は、昔から亜種メボソムシクイ *xanthodryas* であるとされています。この鳥は、本州以南の標高1200〜

2500メートル付近の亜高山帯で繁殖する夏鳥で、「ゼニトリ、ゼニトリ」と聞きなしされるさえずりを持ちます。登山をする人はその声を聞いたことがあるかもしれません。

しかし、海外の文献によっては、日本を含めた極東アジア地域には亜種オオムシクイ *examinandus* が分布するという見解もあり、日本に分布する亜種については、研究者によって分類学的見解が異なっていました。そのため、改めて日本に分布する同種の亜種については、再調査をし、分類の整理をする必要が生じていました。

異なる鳴き声を持つメボソムシクイ類の存在

私は立教大学理学部の上田恵介先生の研究室で大学院生をしている時に、このメボソムシクイの分類の研究をテーマとして、学位取得のための研究を始めることにしました。そもそも、この研究のテーマに至るまでには、ある野外調査でのきっかけがありました。

当時私は、鳥類の野外調査を行なう上で非常に有用な「鳥類標識調査（通称バンディング）」の技術の習得に興味を持ち、その資格を得たいと考えていました。これは環境省が管轄する事業で、野鳥に足環を装着してその移動や寿命などの生態を調べる調査のことを言います。この調査を行なう調査員のことを鳥類標識調査員(通称バンダー)と言い、その資格を取得するために、私は日々、全国の調査地（網場と言う）を回って、調査の経験を積んでいました。

その際に、渡り鳥の中継地でバンディングをしている各地のバンダーさんたちから、「ジジロ、ジジロ」とさえずるメボソムシクイがいることを聞きました。本州以南の高山で繁殖するメボソムシクイとはまったく異なるさえずりを持つその鳥は、5月下旬から6月上旬と秋の渡り時期に日本列島を通過するものの、どこを繁殖地とする鳥なのか、その正体はまったく分からない、というのです。これは研究テーマになるに違いないと、前出の恩師・上田先生は私に、このテーマを研究するよう持ちかけてくださいました。こうして、私はメボソムシクイを材料とした研究を行なうことになったのです。

国内外での野外調査を開始

日本で繁殖、もしくは渡り時期に通過する鳥の正体を探るには、まず繁殖期にその鳥の繁殖分布域内において、繁殖個体を調べなければいけないと私は考えました。そこで、日本国内は北海道から九州まで、海外はロシアやアラスカなど計18調査地点から研究サンプルを集めたり、現地調査に出かけたりして調査を行ないました。

野外調査では、まず繁殖個体をかすみ網という野生の鳥類を捕獲するための網の一種で捕獲し(捕獲には環境省の許可が必要)、遺伝子試料を収集するための採血、地域個体群ごとの外部形態の違いを調べるための各体部位の計測、音声形質の違いを調べるためのさえずりや地鳴《じな》き(繁殖期のさえずりとは異なる日常的な鳴き声)などの声の録音を行ないました。

日本の調査では、メボソムシクイは亜高山帯の標高の高い場所にしか繁殖しないため、多くの調査道具を持って登山しなければならず、荷物が重い、北海道ではヒグマが出るなど、野外調査ではさまざまな苦労がありました。

DNA解析から見出された3系統

持ち帰った血液や羽毛サンプルからDNAを抽出し、分子系統解析［▼P218］を行ないました。亜種や地域個体群の遺伝的な違いを調べるのに適した変異速度を持つ、ミトコンドリアDNA（以下mtDNA）［▼P218］内の複数の遺伝子領域について、その塩基配列［▼P218］の違いを調べました。その結果、単系統性［▼P217］が統計的に強く支持される3つの系統群に分かれることを明らかにしました。

それは、スカンジナビアからアラスカ西部までの系統群A、カムチャツカ・サハリン・北海道知床半島の系統群B、本州以南（本州・四国・九州）の系統群Cです。

これら3つの系統関係を調べたところ、共通の祖先から系統群Cが一番先に分かれ、次に系統群Bが、最後に系統群Aが分かれることが分かりました。

また、これらの系統群間の分岐年代を計算し、Cytbの進化速度を100万年で2・1パーセントの差異と仮定した場合、系統群Cは系統群AおよびBと約250万年前に分岐し、系統群AとBは約190万年前に分かれたと推定されました。この分岐年代は、一般的な亜種間の分岐年代よりもかなり古く、別種間レベルの分岐時間と言えます。

外部形態を比較する

アラスカから極東ロシア（マガダン、カムチャツカ、サハリン）と日本（北海道知床半島、本州、四国、九州）の各繁殖地において、繁殖個体の外

雄成鳥と典型的な初列風切最外羽(P10)

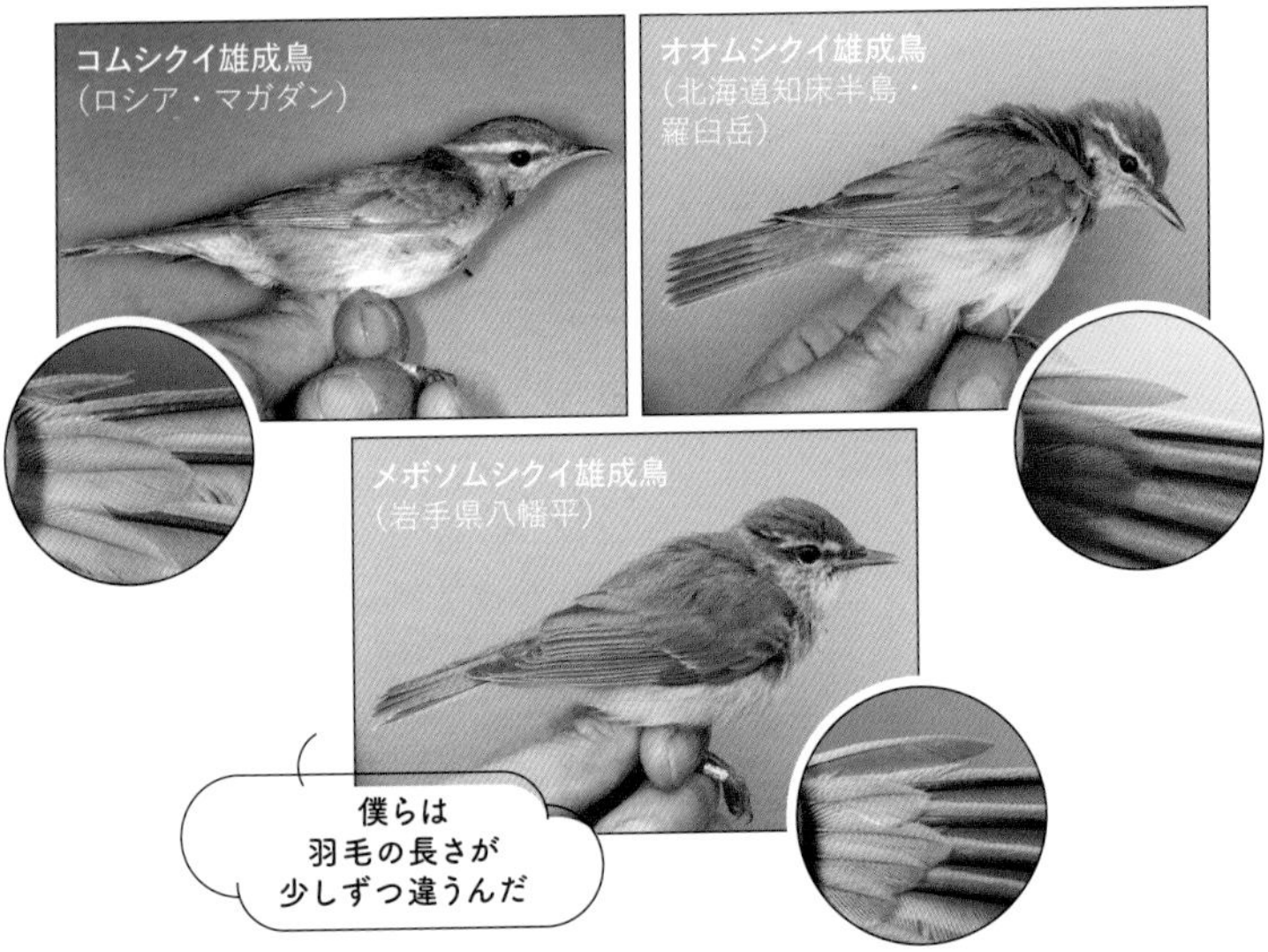

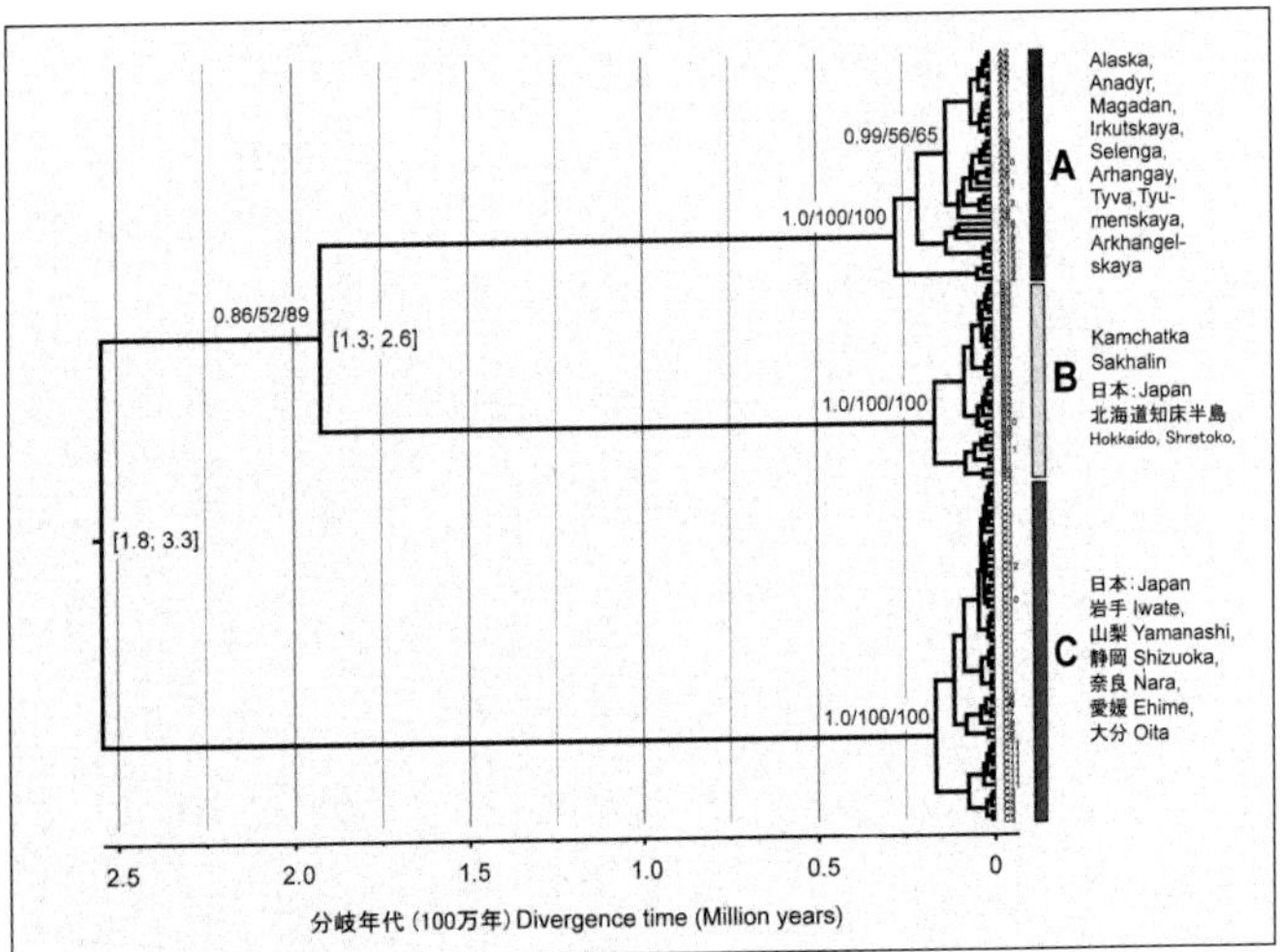

繁殖個体群のmtDNAを用いた分子系統樹(Saitoh et al. 2010を改変)。詳細は論文を参照。

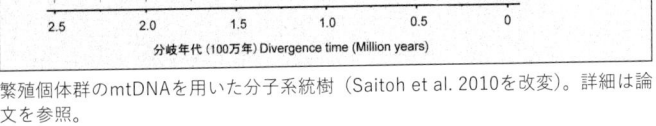

部形態を調べました。計測部位は、翼長《よくちょう》、尾長、ふしょ長、嘴高《しこう》(鼻孔前端部)、嘴幅《しふく》(鼻孔前端部)、全頭長、初列風切最外羽長《しょれつかざきりさいがいうちょう》(P10)と最長初列《さいちょうしょれつ》雨覆《あまおおい》(PC)との長さの差(P10−PC)、8項目です。

まずは雄成鳥55個体について、3つの系統群間に形態的な差があるかどうか調べました。その結果、それらの系統群間の形態的差異は、94〜95パーセントの判別的中率(値が高いほど精度が高い)で判別ができることが分かりました。

次に、繁殖個体群が生息する場所の緯度と、外部形態になにか関係があるかどうかを調べました。主成分分析(データ解析手法の一種)を用いて体の大きさと緯度の関係について調べたところ、大きいものから順に、本州、カムチャツカ、北海道・サハリン、マガダン、アラスカとなりました。つまり北に行くほど体が小さくなるということです。これは哺乳類などによく見られる、北の個体群ほど体が大型化するという「ベルクマンの法則」とは逆の傾向です。

またP10−PC長では、高緯度ほど差が小さくなる(つまりP10がPCに対して短くなる)傾向がありました。この緯度的傾向は渡りの距離に関係する翼の形状の違いと関係しているのかもしれません。

3つの系統のさえずりの違い

広域な繁殖分布域から、94個体のさえずりと53個体の地鳴きの解析を行なった結果、大きく分けて3つの地理的に異なるタイプが見つかりました。さらに、これらは分子系統解析による系統群のグループ分けと完全に一致し、形態的な特徴も踏まえ、次のような亜種と特徴の組み合わせとなりました。

〈1〉濁った声で「ジィジィジィジィジィ」と連続的な音が続く、ユーラシア大陸（カムチャツカを除く）・アラスカに分布する亜種コムシクイ、亜種アメリカコムシクイ

〈2〉「ジジロ、ジジロ」と3音節でさえずる、カムチャツカ・千島列島・北海道知床半島に分布する亜種オオムシクイ

〈3〉「ゼニトリ、ゼニトリ」と聞きなしされる、本州・四国・九州に分布する亜種メボソムシクイ

これらのさえずりの違いは人間の耳で聞いても十分識別可能なものです。

亜種の昇格で1種が3種に！

以上のDNA配列、外部形態、音声の差異を根拠として、複数の亜種を整理し、分類の再検討を行なうことにしました。その結果、これまでの亜種を種に昇格させることにし、さらに英名の検討とこれまでの先行研究も考慮した和名についても再検討を行ないました。

以上の研究を通して、従来1種だったメボソムシクイ *Phylloscopus borealis* は、

コムシクイ（英名：Arctic Warbler）*P. borealis*

オオムシクイ（英名：Kamchatka Leaf Warbler）*P. examinandus*

メボソムシクイ（英名：Japanese Leaf Warbler）*P. xanthodryas*

の3つの独立種に分割されるという、新しい分類学的見解を論文に発表しました。結果として、研究を始めた時に疑問に感じていた「ジジロ、ジジロ」とさえずる鳥の正体は、オオムシクイである

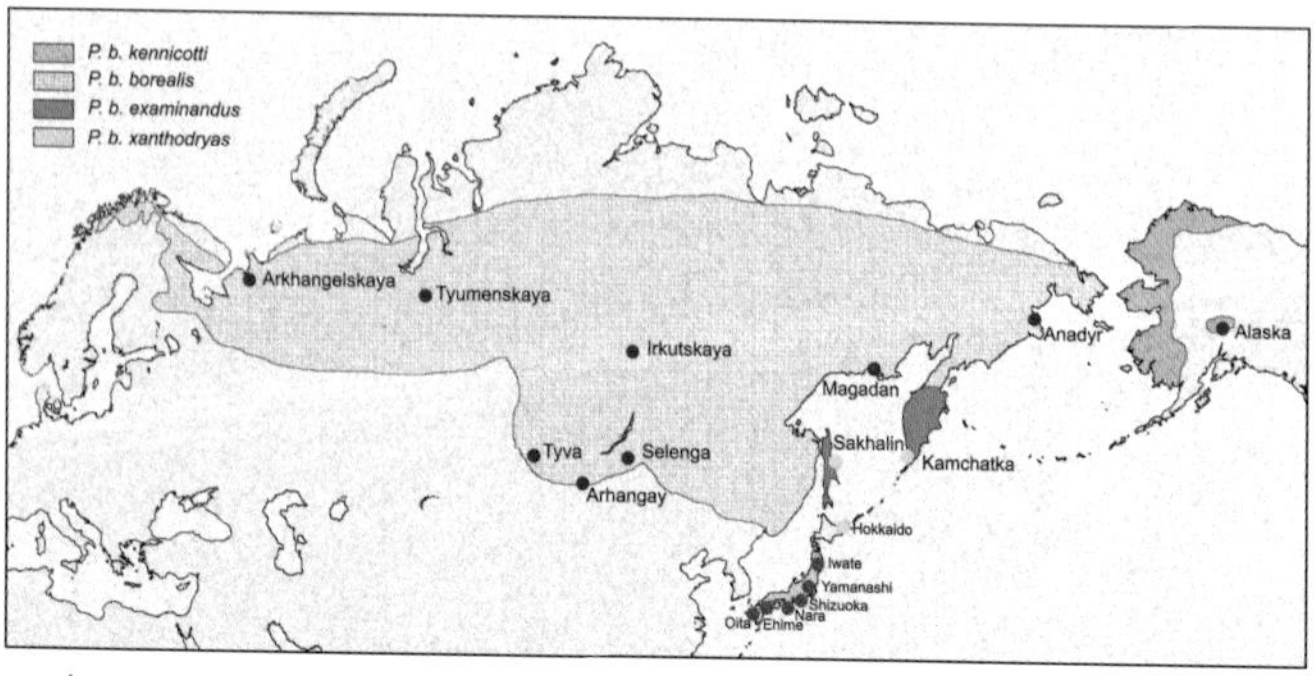

メボソムシクイの繁殖分布図（Saitoh et al. 2010 を改変）。地図はCramp（1992）のものを基とし、亜種の分布域はTicehurst（1938）による。丸印はサンプル採集地を示し、青色は系統群A、黄色は系統群B、赤色は系統群C。

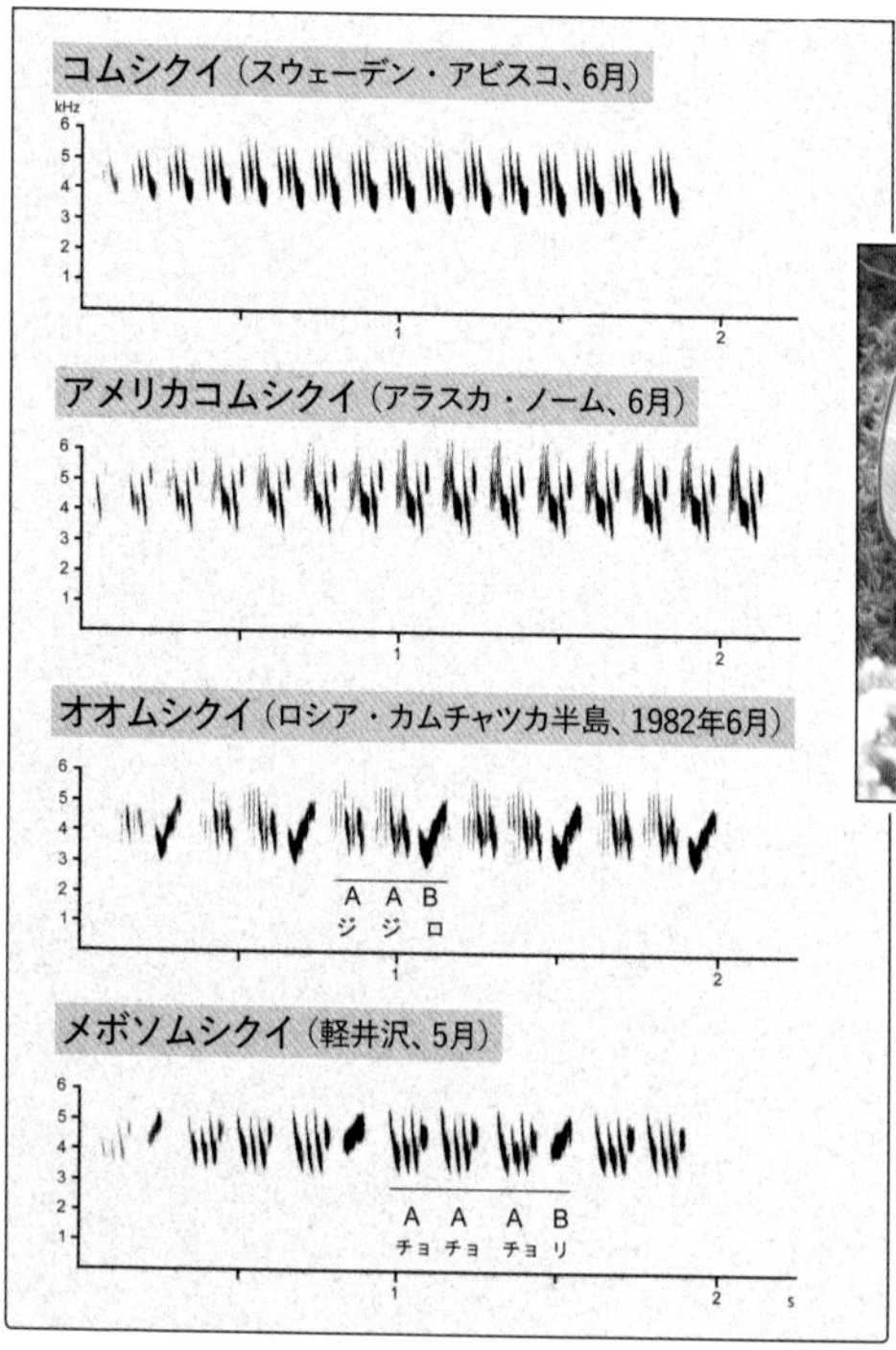

各亜種のさえずりのソナグラム（Alström et al.2011を改変）。

綺麗に録れているといいなあ

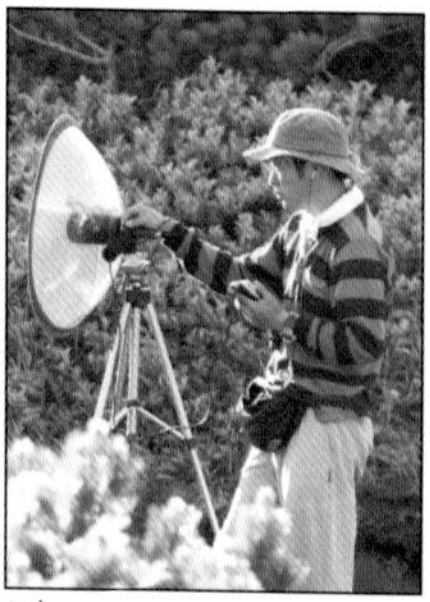

野外で鳥の声を録音している様子。

ことが分かったのです！

従来言われてきた「広義のメボソムシクイ」は、この結果を受けて、分割された3種を含む「メボソムシクイ上種」と呼ぶことになります。これらの分類学的見解は世界の主要な鳥類種のチェックリストIOC World Bird List等ですでに採用されているほか、最新の『日本鳥類目録改訂第7版』でも採用されています。

分類学と系統地理学的研究の面白さ

最後に、本研究のような分類学や系統地理学的研究の面白さについて、少し述べたいと思います。

確かに、未開の地で新種［▼P217］を発見し、それを世の中に発表するのは、ロマンがある研究です。しかし、現在の日本では、鳥類や哺乳類でまったくの新種を発見するのは難しいと言えます。

例えば国内の鳥類種では、1981年の沖縄県でのヤンバルクイナの発見以来、そのような新種は発見されていません。近年の新種の発見は、本研究のように、よく調べてみたら亜種と考えられていたものが実は別種だったというような、分類の再検討により種が発見されたという例が大半です。

本研究もその例に漏れず、外見はそっくりで同種として扱われていたが、遺伝的や生態的に別種として区別される性質を持つ種、つまり隠蔽種［▼P217］を発見した例と言えます。

本研究は、未知の新種を発見する研究と比べると少し地味かも知れません。しかし、身近な生物でも、異なる場所に生息する地域個体群間の細かな遺伝的、形態的、生態的差異を調べるこのような研究は、新たな分類学的発見に繋がる可能性を秘めています。

これから研究者を志す若い世代のみなさんには、ぜひ、生物の詳細な特徴の違いを観察することを大切にして、それが思わぬ発見に繋がるかも知れないという期待を持って研究をしてほしいと思います。

齋藤武馬（さいとう・たけま）　1974年、東京都生まれ。公益財団法人山階鳥類研究所　研究員。立教大学大学院博士課程後期中退（理学博士）。専門分野は鳥類の系統地理学・分類学。

記載論文
Alström, P., Saitoh, T., Williams, D. & Nishiumi, I. (2011) The Arctic Warbler *Phylloscopus borealis* – three anciently separated cryptic species revealed. *IBIS*, 153(2): 395-410.

chapter

2

水辺で発見!

海、湿地帯、干潟といった水辺もまた、
計り知れない生物多様性を秘めています。
そんな水辺の生きものたちの、
新種発見のエピソードをご紹介します。

7

4歳児が発見!? ごま粒大の新種

後生動物 節足動物門 甲殻亜門 軟甲綱

― チゴケスベヨコエビ ―

Postodius sanguineus

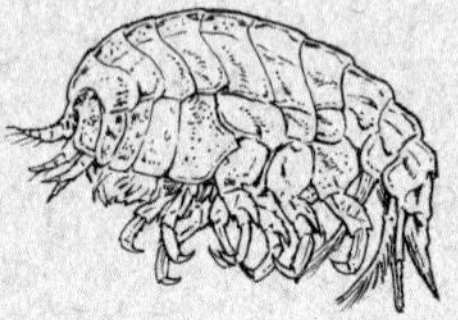

チゴケムシの隙間に
棲んでいます

記載した人｜有山啓之
大阪市立自然史博物館外来研究員

発見した人｜森久拓也
写真家

4歳の息子が磯遊びで大発見！

―― 森久拓也

いつもと変わらない休日の磯遊び

私には現在小学1年生の息子がいます。息子は小さな頃から生きものが大好きで、休みの日には必ずどこかへ生きものを探しに出かけます。最初に好きになったのは昆虫でしたが、魚やウミウシ、ゴカイなど、どの生きものを見せても大喜びしてくれるので、私たち親子の遊び場は次第に山から海までさまざまな環境へと広がっていきました。

2020年春、世界で猛威を振るう新型コロナウイルスが日本でも本格的に蔓延し始め、外出することさえ後ろめたさを感じるほど、世間は閉塞感に包まれていました。先述のとおり生きものの好きな4歳児にとって、1日中家の中にいなさいというのは酷な話です。4月4日、私は息子と2人、人の少ない海なら問題ないだろうと海で魚釣りをすることにしました。

私たちは島根県松江市にある静かな漁港へ行きました。さっそく魚釣りを始めましたが、この日は小さな魚すらも釣れません。4歳児が集中力を保っていられるのはせいぜい20分程度。すぐに飽きてしまい、段差から飛び降りる遊びに夢中になり始めました。

目を離すとどんな危ないことをするか分からない年頃です。私は何か別のことに興味を持たせるため、辺りを探しました。すると岸壁にびっしりとついているカキ、ホヤ、コケムシの仲間などの付着生物に目がとまりました。実は、付着生物群の内部は生きものの宝庫なのです。タモ網を使って付着生物をはがし、白いバットの上に広げ、息子を呼びました。

息子は目をキラキラさせながら、夢中で生きものを探し始めました。ウロコムシ、ゴカイ、ヒモムシ、カニダマシ、ワレカラなど、付着生物の中は宝物でいっぱいです。見つけた生きものは「お母さんに見せてあげるため」にサンプル瓶に入れていきました。

ふと、息子が「なんかおるよ！」と驚いた様子で指を差しました。指の先を見ると、体長4ミリメートル程度の、ゴマ粒大の生物が泳いでいます。「よく見つけたね！」と褒めると、自分の手柄を母親にも見せたかったのでしょう。「もってかえりたい」と私にねだりました。スプーンでそっと掬ってサンプル瓶に入れ、ほかの生物と一緒に持

ち帰りました。

帰宅後、私は採集したそれら生物の姿をカメラで撮影していました。一応、息子が見つけたゴマ粒大の生物も撮影してみます。それにしても小さい。何の仲間なのか検討がつきません。やや苦戦しながら撮影し、撮れた写真を見て、私はびっくりしました。なんとゴマ粒大の生物は、色鮮やかな赤い色をしたヨコエビだったのです。

実は私も息子もヨコエビという生物が好きで、これまでも流れ藻の中や、川底の植物片の中から探して遊んだことがありました。しかし、これほど色鮮やかなヨコエビを見たのは初めてです。一体何という種なのだろうかと、調べてみることにしました。

ヨコエビにはたくさんの種があり、特徴もさまざまですが、独特の丸っこいシルエットと鮮やかな体色から、スベヨコエビの仲間かそれに近い仲間だろうと推測しました。インターネットで検索すると、日本に生息するスベヨコエビ科全6種が掲載されている論文を見つけることができ、これで何という種か分かるかも！　と論文を読みました。

しかし、それらしきヨコエビは掲載されていません。この論文では同時に4種のスベヨコエビ科の新種が記載されており、著者の有山啓之先生が日本で最もスベヨコエビ科に詳しい研究者であることは容易に想像できました。素人がいきなりメールをするのは失礼に当たるのだろうかと迷いもありましたが、好奇心には勝てません。意を決し、メールを送ってみました。日付は5月28日。ここまで辿り着くまでに実に2か月近くもかかってしまいました。

翌日、有山先生から返ってきたメールを見てびっくり。

「もしかしたら未記載種［▼P217］かもしれないので標本を送ってほしい。」

まさか息子が見つけたヨコエビが、そんな珍しいものだったなんて……。メールには雌雄揃っているほうが良いので、できれば複数の標本がほしいとありました。しかし、手元のヨコエビは1匹のみ。こうなったら採りに行くしかありません。

再びヨコエビ発見なるか？

もしかしたら息子が発見したヨコエビは新種かもしれない。そんな夢のような出来事に私はウキウキで、息子と共に漁港へとやってきました。肉眼でゴマ粒大のヨコエビを見つけ出すなど、私には到底できません。息子の眼だけが頼みの綱です。

前回と同じように、岸壁にくっついている付着生物をはがして探しました。ところが、赤いヨコエビはまったく現れません。とうとう1匹も見つけることができないまま1時間が経過し、息子は飽きて遊び始めてしまいました。再び息子のやる気を出させるためにはどうしたらよいか……と、考えついたのが「お菓子大作戦」。謎の赤いヨコエビを1匹見つけたら1個お菓子を買ってあげると約束をしたところ、再び集中して探してくれるようになりました。

作戦が功を奏したのか、ほどなく例のヨコエビを見つけてくれました。このヨコエビはカキの殻やホヤの仲間の中ではなく、チゴケムシという生物の隙間に棲んでいたのです。チゴケムシを探せばよいのか！　と気づいた後は快進撃です。岸壁からチゴケムシの塊をはがし、白いバットの中に入れると、次々とヨコエビが見つかりました。その数は30匹！　こうして我々は目標以上のヨコエビを採集し、有山先生に送ることができたのでした。

有山先生から連絡をいただいたのは半年後の11月30日。例のヨコエビはヒメスベヨコエビ属の未記載種でした。息子は新種［▼P217］のヨコエビを発見していたのです！

Twitterがバズって大騒ぎ

翌年の11月13日、その日は友人宅でバーベキューをする予定で、息子と一緒に出かける準備をしていました。その時、有山先生から1通のメールが届きました。12日付で論文が出版されたという内容でした。ついに、息子が発見したヨコエビが新種として記載されたのです。

バーベキューへ行く準備をしなくてはいけませんが、それどころではありません。パソコンの前に座り、論文を開いてどんな名前がつけられたのか確認しました。学名は *Postodius sanguineus*、和名はチゴケスベヨコエビ。「チゴケスベヨコエビ！　きっとチゴケムシの間に棲んでいるからだ」と、ぴったりの素敵な名前に納得しました。

少年時代に夢見ていた新種の発見を、息子がやってのけただなんて。どんどんと嬉しさが込み上げ、思わず両手が震えていました。息子にはこの出来事をずっと覚えていてほしい。とびきりのご褒美をあげて、すごいことをしたのだと感じてほしいと思い、Twitterにこう書きました。

「震える・・・息子が4歳の時に発見したヨコエビ、なんと新種でした！　この度大阪市立自然史博物館の有山先生の手によって記載されました。

1 付着生物群の中からヨコエビなどの生きものを探す息子。2 岸壁に付着していたコケムシ類。上の赤い部分がチゴケムシ属の１種。下は別種のコケムシ類 3 付着生物群の中を探すとさまざまな生きものが出てくる。

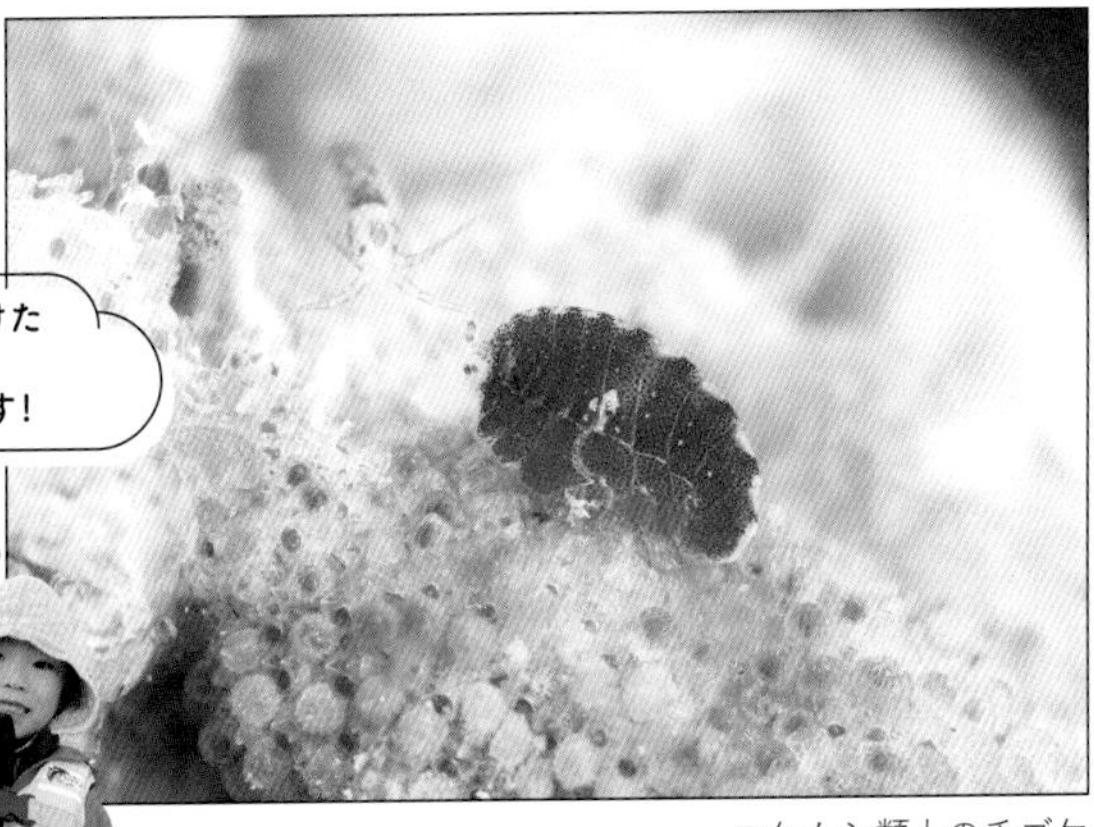

コケムシ類上のチゴケスベヨコエビのメス。

息子（当時5歳）。チゴケスベヨコエビを採集した漁港で。

チゴケスベヨコエビという和名です。本種を採取した最初の人類となった6歳児に「1いいね1円」でなんでも欲しいものを買ってやろうと思います！」

Twitterは私が最もよく使っているSNSで、息子との採集日記や、生物の写真などを発信しています。投稿が広く拡散される現象、いわゆるバズった経験もあり、過去最高に「いいね（興味や関心を持った投稿に好意を示す機能）」がついたのは3万8千。もしかしたら今回もそのくらいいくかもしれないと考えていました。

出かける準備が終わり、息子と2人で友人宅へ。さっそく友人たちに今朝の快挙を伝え、チゴケスベヨコエビがどんな生きものか見せるためにスマートフォンを取り出しました。すると画面がおかしなことになっています。Twitterからのお知らせが次から次へと押し寄せてくるのです。なんと、家から友人宅へ行くまでの30分の間に投稿がバズり、「いいね」の数が1万に達していました。楽しいバーベキューのはずでしたが、この異常事態に気が気でありません。こっそりTwitterを開くと、2秒ごとに100くらいの勢いで「いいね」が増加していきます。

チゴケスベヨコエビのことを多くの人に知ってもらえるのはとても嬉しいことですが、次にお金が心配になってきました。夕方、恐る恐るTwitterを見ると、「いいね」は27万に達しています。さすがにこれはマズイと思い、24時間で集計をやめますとアナウンスしました。そして翌朝、ドキドキしながらTwitterを開いてみると、私の投稿にはなんと46万2千もの「いいね」がついていました……。

息子が手にしたご褒美は46万2千円分。ほしいものなら何でも手に入る金額です。今一番ほしいものは何？ と息子に聞くと、「とあみ～！」と元気のよい返事が返ってきました。投網でたくさん魚を獲ってみたいのだそうです。それでもまだまだ消化しきれない予算。息子はなんでこんなにたくさん買ってもらえるのか困惑していましたが、ほかにニンテンドースイッチを希望しました。残りは彼の口座に入れたので、私の口座はすっかりかんになってしまいました。

この投稿がバズったおかげで取材が殺到し、7つのTV番組、3つの新聞、多数のネットニュースで取り上げられ、ご近所さんや保育園の先生にまで知られるほどの大騒ぎとなってしまいました。

数々の偶然が重なって新種発見となったわけですが、やはり息子の観察眼、どんな生きものにも興味を持つ好奇心が今回の発見に繋がったのだと思います。また、有山先生には、素人からの突然のメールに丁寧にご対応いただき、記載論文には採集者として息子の名前も書いていただきました。今後は親子でチゴケスベヨコエビの分布や生態など調べていけたらいいなと思っています。

水辺の小さな働き者 ヨコエビ

―― 有山啓之

ヨコエビってどんな生きもの？

みなさんはヨコエビという生きものをご存じですか？ エビと言う名前がついていますが、エビではありません。エビ・カニと同じく甲殻類に含まれますが、フクロエビの仲間です。フクロエビとは、メスのおなかに育房《いくぼう》という袋があって、この中で卵を育てるグループで、アミやダンゴムシなども含まれます。ヨコエビという名は、左右に平たく横倒しになっていることが多いので、こう呼ばれるようです。

海や川の底や海岸など、さまざまな所に生息していますが、小型のものが多いため（大部分が1センチメートル以下）、一般の方にはあまり馴染みがありません。小さな生きものですが、魚類などの餌生物、有機物の分解者として、生態系の中で重要な役割を果たしています。日本では、2021年までに493種が記載・記録されています。

ヨコエビは魚などに襲われないように石の下、砂泥中、海藻中等に潜り込んでいることが多いのですが、中には堂々と岩などの表面に生息するものがいます。今回お話しするスベヨコエビ科Odiidaeがそれで、写真派ダイバーの被写体となり多くの写真がウェブサイトに紹介されています。スベヨコエビ科の大きさは2〜7ミリメートルで、カラフルな色彩をしています。横から見ると半円形で、体はふくらみ、背中の縁が薄くなって竜骨状にとがる独特な形をしたヨコエビです。

日本産スベヨコエビ科の分類

私がスベヨコエビ科の研究を始めた時には、日本からはヒメスベヨコエビ *Postodius imperfectus* とゴードンスベヨコエビ *P. zelleri*（後に転属し *Gordonodius zelleri*）の2種のみが知られていました。

2009年に旧知の奥野淳兒さん（千葉県立中

チゴケスベヨコエビのメス。（森久撮影）

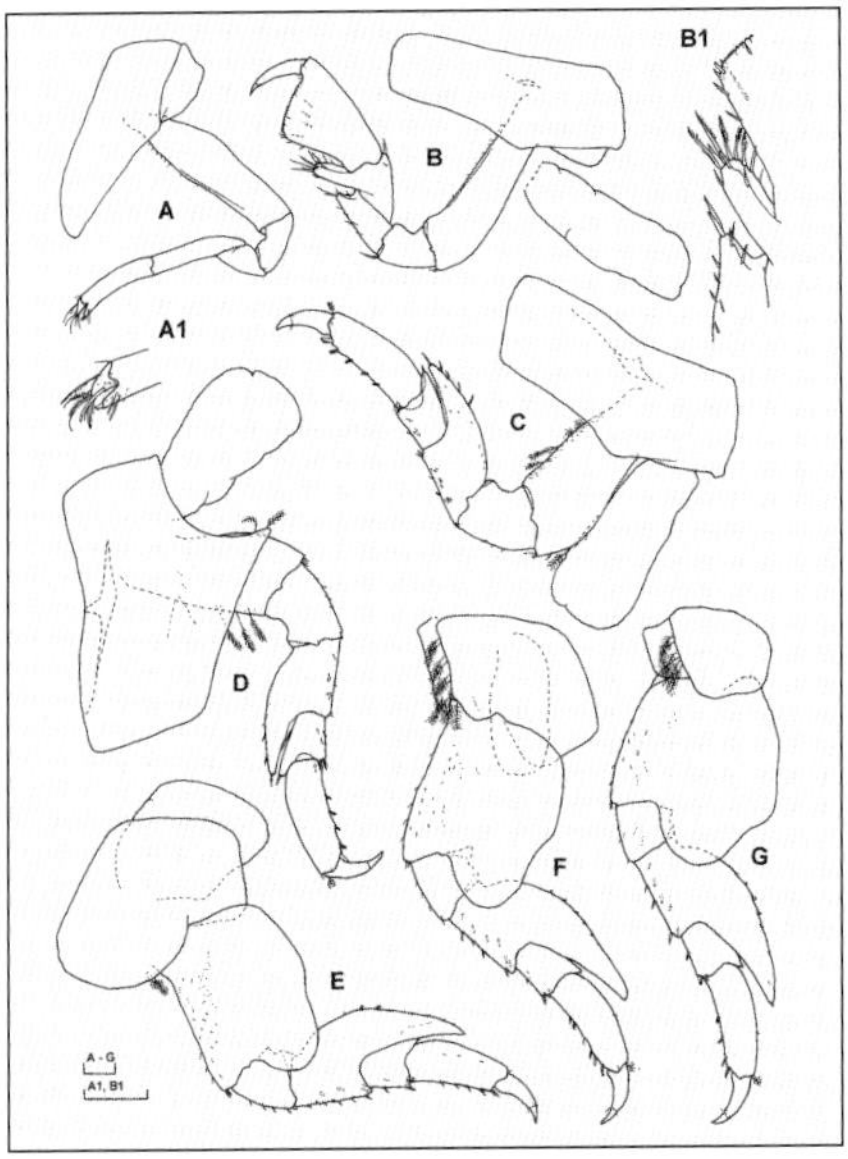

ホムラスベヨコエビの第1咬脚～第7胸肢のスケッチ。(Ariyama 2011)

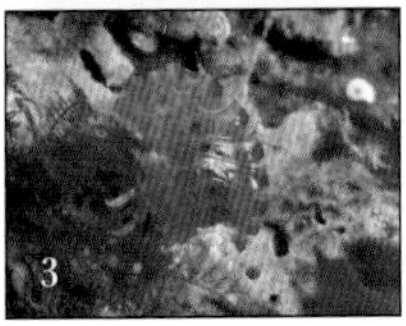

1 ルリホシスベヨコエビ（星野修撮影）。2 シラホシスベヨコエビ（幸塚久典撮影）。3 シロガオスベヨコエビ（川原ゆい撮影）。

央博物館分館海の博物館）から、八丈島でスキューバダイビングにより採集されたスベヨコエビ科の標本が送られてきました。どうやら未記載種［▼P217］のようなので、この際、日本の他種も徹底的に調べてみようと思い立ち、ウェブサイトを運営している方々や、有明海のヨコエビの研究をしていた松尾匡敏さん（長崎大学）にも標本の提供をお願いし、研究を始めました。

ここでヨコエビ分類の研究方法について紹介します。最近はDNAを調べている方もおられますが、まだ形態分類が主流です。詳細は私の近著（有山 2022）を参照していただきたいのですが、かいつまんで言うと、①実体顕微鏡下で付属肢を解剖してプレパラートにする、②生物顕微鏡と描画装置を使って各部位をスケッチする、③図の清書を行なう、④すべての関連文献を参照して既知種［▼P217］に該当するか調べる、⑤論文を執筆する、となります。

この結果、私の手元に集まった標本には4未記載種が含まれることが判明し、ホムラスベヨコエビ *Postodius igneus*、ニシキスベヨコエビ *P. ornatus*、アオスジスベヨコエビ *P. striatus*、ムカシスベヨコエビ *Antarctodius japonicus* を新種記載しました（Ariyama 2011）。前3種は独特の美しい体色をしており、模様でも識別が可能でした。

まだまだ新種が潜んでいる？

その後、他のヨコエビの研究をしていたのですが、2020年に森久拓也さんから標本が送られてきたことがきっかけで、再びスベヨコエビ科に取り組むことになりました。森久さんの標本以外にも、幸塚久典さん（東京大学三崎臨海実験所）

から送られてきたドレッジ標本などを保管していたので、これらも一緒に調べ、新属新種2種（ルリホシスベヨコエビ *Metodius cyanomaculatus*、シラホシスベヨコエビ *M. leucomaculatus*）、新種2種（シロガオスベヨコエビ *Postodius albifacies*、チゴケスベヨコエビ *P. sanguineus*）を記載しました（Ariyama 2021）。これらもやはり、独特な色彩のきれいなヨコエビでした。

日本にはスベヨコエビ科が10種生息することが確認できましたが、ウェブサイト上にはまったく模様の違うスベヨコエビ科の写真が多く掲載されています。経験上、「模様が違えば別種」なので、日本はスベヨコエビ科に関して、世界で最も多様性の高い海域であることが窺えます。

日本には493種のヨコエビがいると述べましたが、この内の63種は私が新種記載したものです。ヨコエビは分類研究が遅れているため、実は新種は珍しくなく、やる気になればいくらでも新種記載が可能な状況です。スベヨコエビ科のような美しいもの以外にも、変わった形のもの、興味深い生態のものなど、多くの未記載種がみなさんを待っています。

森久拓也（もりひさ・たくや）広島県呉市生まれ。日本自然科学写真協会会員。ウェブサイト『眼遊-GANYU-』で作品を公開している。
有山啓之（ありやま・ひろゆき）兵庫県神戸市生まれ。ヨコエビを主体に日本産甲殻類の研究を行なっている。

記載論文

Ariyama, H. (2021). Five species of the family Odiidae (Crustacea: Amphipoda) collected from Japan, with descriptions of a new genus and four new species. *Zootaxa*, 5067(4): 485–516.

8

魚を採ったらくっついていた！

後生動物 節足動物門 甲殻亜門 カイアシ亜綱

— オシリカジリムシ —

Chorefiria shiranui

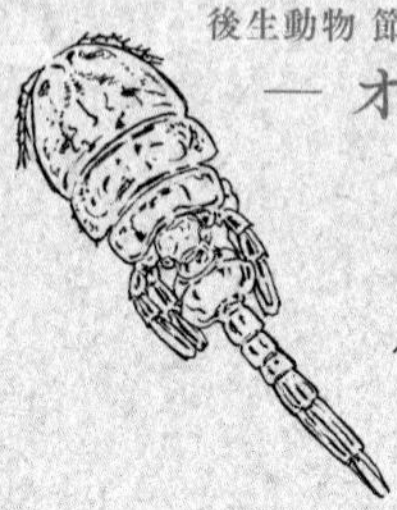

あなたの身近な干潟でもカジっています

記載した人｜上野大輔
鹿児島大学大学院 理工学研究科 准教授

発見した人｜是枝伶旺
鹿児島大学大学院 農林水産学研究科2年

チワラスボ採集で思わぬ収穫

—— 是枝伶旺

鰭に「何か」がついていた

2021年の5月、私は鹿児島県でチワラスボ属魚類の分布調査をしていました。チワラスボはハゼの仲間で、干潟の泥の中に穴を掘って棲んでいます。チワラスボの棲む環境は全国的に減少傾向にあり、鹿児島を含む多くの地域で絶滅危惧種に指定されています。しかし、本種は複合種［▼P217］であることが知られていて、分布の実体を明らかにすることは急務でした。オシリカジリムシと出会ったのは、その調査が終わりに差しかかった頃です。

ある時に調査の過程で、鹿児島有数のマテガイ

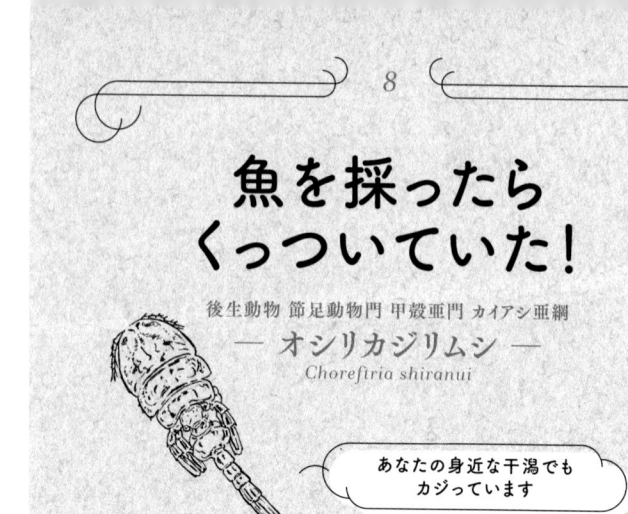

産地である福ノ江海岸に流入する小次郎川という小さな川の河口を訪れました。ここは私が水産学部3年生の頃に潮干狩りで訪れた際、「良い干潟がある」「チワラスボの巣穴のようなものも見える」と目星をつけていた所でした。

前述のとおり、チワラスボは泥の中に棲むためにその姿を拝むことは難しいのですが、頂端が凹んだ山状の特徴的な塚を作るため、生息の確認は容易です。また、ヤビーポンプという大きな注射針のような吸引器具を用いると、比較的容易に巣穴の中の水ごと吸い出すことができます。

そこで近くに寄った際に、いつもの採集メンバーに無理を言って時間を作ってもらい、ヤビーポンプを片手に小次郎川に降り立ちました。早く移動しようという圧を感じながら、まず1匹……しかし小さい。数度の吸引を繰り返したのち、大きめの個体が無事採れました。納得のいく個体を手にした私は、待たせたことを周りに詫びながら、その地を去りました。

そうして研究室に戻った私はチワラスボの標本作成に取りかかりました。いつもどおりに麻酔にかけ、鰭を広げていきます。昆虫標本を作るとき昆虫の脚を広げるように、魚では鰭を針で広げて、ホルマリンで固定する作業（展鰭《てんき》）があります。オシリカジリムシに気がついたのはこの時です。

広げた鰭に何かゴミのようなものがついていました。チワラスボは粘液が多く出るので、ゴミの付着はよくあることです。乾燥すると体が赤く変色する上、粘液にホコリや泡がつくため水中で展鰭しますが、それでも付着は避けられません。

邪魔なので展鰭用の昆虫針で退けようとします

が、取れません。よく見ると、何やら尾のようなものが生えています。その時、「もしかして寄生性のカイアシ類なのでは？」と思い立ち、実体顕微鏡下へ持ち込むと、尾の生えた楕円形の何かが頭のようなものを鰭膜に食い込ませ、わずかに震えていました。顕微鏡下でも外そうとしますが、なかなか取れません。摘出は諦め、そのままで写真を撮りました。

後から聞いた話では、本当に寄生性なのかを査読の際に指摘されたそうです。摘出を諦めて寄生状態を撮影したのは思わぬファインプレーでした。

撮影後、再び実体顕微鏡下で取り外しを試みると、10回ほど昆虫針の針先で弾いたときに、ポロっと外れました。顎の破損を心配しましたが、最大倍率35倍ではその小ささゆえによく分かりません。

寄生虫に疎かった私は、それがカイアシ類なのかも分かりませんでしたが、チワラスボに寄生する生物の話は聞いたことがありませんでした。「あわよくば変なものなら面白い」、「チワラスボ保全上の価値が上がるかも」という下心を秘め、その夜のうちに鹿児島大学理学部の上野大輔先生にメールを送りました。

想像以上の大発見に！

寄生性カイアシ類の分類学を専門とする上野先生とは、私の所属研究室と合同で調査をしたこともあって面識がありました。翌朝には早速返信があり、「見たことがない形なので、現物を見たい」とのことでした。専門の分類学者から初見という回答を得られた私は、１００匹以上のチワラスボ属を採集しても寄生生物は見たことがない事実を思い出し、正体を知りたい気持ちが高まります。早速いつ渡せばよいかを聞き、翌々日に直接渡しに行きました。

その日のうちに帰ってきたメールには、聞いたこともない属の未記載種［▼P217］の可能性があるとありました。さらに後日お会いした際、新科新属の新種［▼P217］だろうと教えていただき、新科という衝撃の事実に驚きのあまり、事態をすぐには呑み込みきれませんでした。

そしてついに2022年1月、上野先生から新科新属新種として記載しましたと、論文がメールで送られてきました。まずスケッチを見て、初めて正確な形を認知したところで、そういえば、と和名の記述を探します。すると、「New Japanese name: *Oshiri-kajiri-mushi*」とあるではありませんか。そう、「オシリカジリムシ」です。

この和名はのちに話題になり、見つけただけの私にも新聞社から問い合わせがあったほどでした。さらには発見の地・出水市の小次郎川には看板を建てることとなり、その除幕式に私も招待していただき、今では立派な案内看板が立っています。

このオシリカジリムシの1件は、見つけた時の期待を遥かに上回る結果となりました。これが暗い泥の中の多様性を照らすスポットライトとなり、干潟の保全や調査のきっかけとなってほしいところです。

ところで、オシリカジリムシは本気で探せばときどきチワラスボについていることに最近気づきました。鹿児島以外にもいるに違いありません。細々ぜひお近くの干潟でも探してみてください。細々と生き延びたチワラスボに、今日もカジりついているかもしれません。

大発見は身近にある!?

昆虫少年はカイアシ研究者に

―― 上野大輔

人気漫画に、「地上最強を目指して何が悪い！！！　人として生まれ男として生まれたからには誰だって一度は地上最強を志すッ　地上最強など一瞬たりとも夢見たことがないッッ　そんな男は一人としてこの世に存在しないッッ　それが心理だ！！！」という言葉が出てきます（板垣恵介『グラップラー刃牙』39巻）。

新種の発見はこれに似ている、と私は常々思うのです。生きもの好きであれば新種の生物を発見したい！　と一度は考えたことがある人は多いのではないでしょうか。

かく言う私も、小学生の頃は虫捕り網と虫かごを相棒に、公園、庭、空き地、駐車場問わず駆け巡っていました。都会の外れの町でしたが、頑張ればコクワガタやヒラタクワガタは見つけることができました。それらの採集が少し上手かった私は、いつか昆虫の新種を見つけ虫博士になる！と息巻いていたのです。

しかし、いつまで経っても新種は見つかりません。そのうち熱は冷め、虫かごと虫捕り網もいつの間にかなくなっていました。これと似たような経験をされた方は、いるのではないかと思います。

私の場合、数十年を経てから、昆虫ではないものの新種の発見・記載［▼P216］に関わる研究職に就きました。今、再び世の中を眺めてみると、新種と巡り合う場は意外に身近にあることが分かります。ここでは、そんな身近にいたにも関わら

1

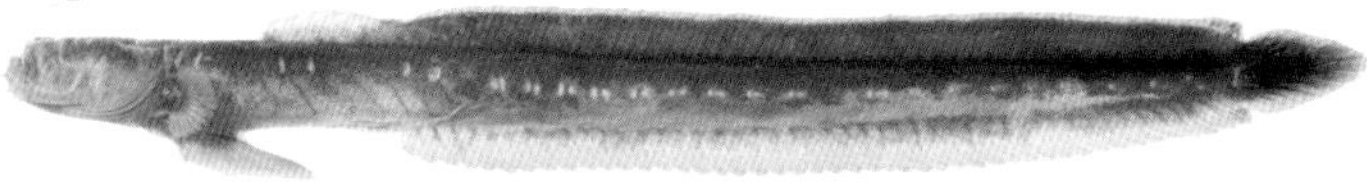

2

チワラスボとその生息環境。

採集されたチワラスボ(1)と、チワラスボの特徴的な塚(2)。小次郎川の河口は、干潮時には河岸に干潟が出現する。(鹿児島大学総合研究博物館提供)

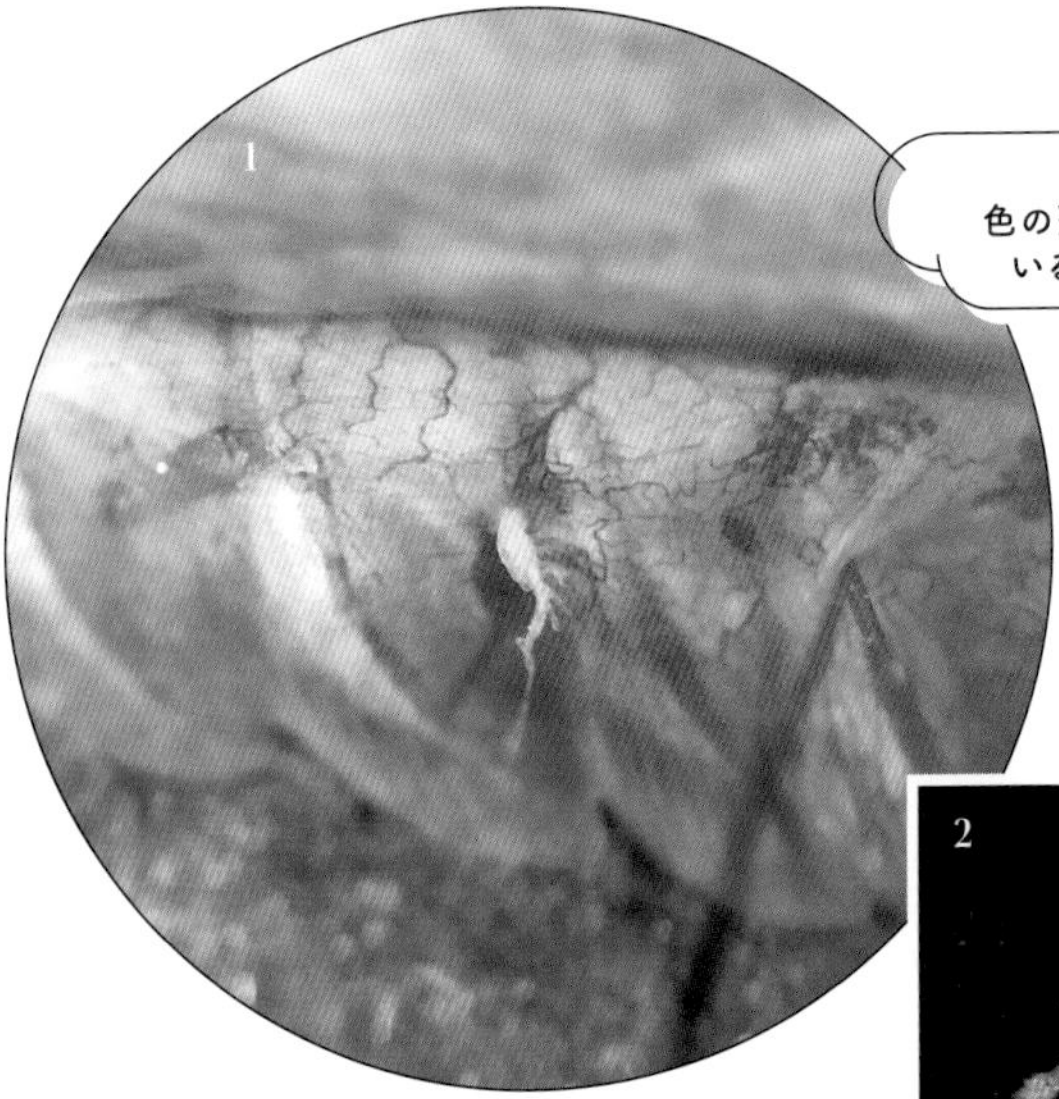

1

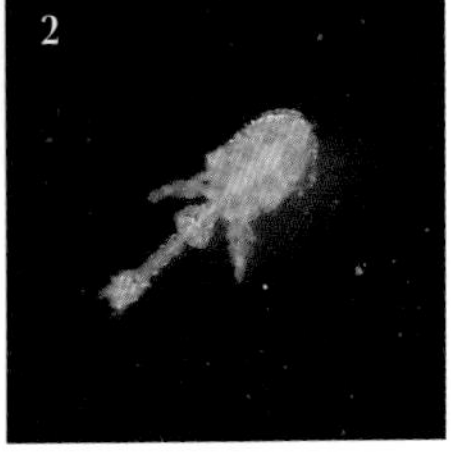

2

オシリカジリムシのホロタイプ。チワラスボに齧り付いているところ(1)と摘出直後(2)。(鹿児島大学総合研究博物館提供)

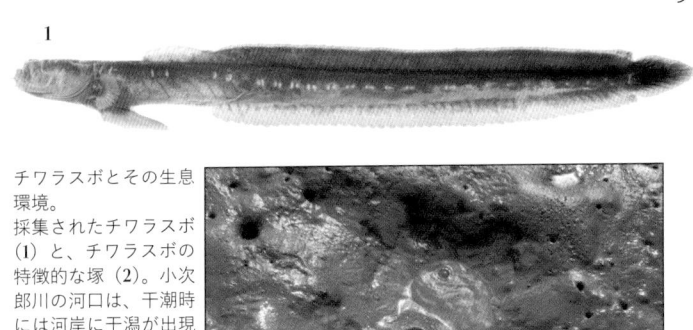

ず、大発見となった小さな新種が記載されるまでを語りましょう。

カイアシ類「コペ」とは？

オシリカジリムシは2022年1月に新種として記載された、体長1・3ミリメートルほどの小さな生物です。多くの人がご存知であろう、十数年前にNHK「みんなのうた」で一世を風靡したアニメキャラクター「おしりかじり虫」に因んで名づけられています。

なぜこの名なのか？　ということの前に、少し専門的にこの生物の分類学的所属について説明しましょう。オシリカジリムシは、節足動物門・甲殻亜門・カイアシ亜綱に属する、一般的にはカイアシ類と呼ばれることが多い動物ですが、おそらく多くの人にとっては耳慣れない名称でしょう。

しかし、実は我々を含め地球上のさまざまな生物を支える重要生物の1つなのです。カイアシ類の多くは、水中を漂うプランクトンであり、水圏環境に暮らすさまざまな動物の餌となるのです。我々人間が直接食用として利用する機会はほとんどありませんが、我々が食べる魚などの多くが、一生のうちどこかでカイアシ類を必要とします。

ちなみに、カイアシ類は発音するのには少々長く、可愛らしさに欠ける点は私も認めざるを得ません。そんな背景もあってか、学名 *Copepoda*（コペポーダ）を略して「コペ」と呼ばれることもしばしばです。これは多分日本限定ですが、ともかくここでもコペと呼ばせていただくことにします。

さて、実はコペには、ほかの生物と寄生関係にある、つまり寄生性のものも多く存在します。オシリカジリムシもその1つで、宿主となるのは干潟の砂泥に穴を掘って暮らすチワラスボという風変わりなハゼの1種です。見た目は有明海名物のワラスボに似ていますが、異なる系統の魚類です。また、日本で食用として利用されることはほとんどないと思います。つまり、我々が普通に暮らしている限りは、ほぼほぼ接点がない魚と言えます。

このチワラスボ類やミミズハゼ類といった、細長いニョロニョロとしたハゼたちを研究しているのが、鹿児島大学農林水産学研究科の大学院生、是枝伶旺くん。彼は生物採集能力に長けており、これまでにもいろいろな寄生生物を見つけては私の研究室に持ち込んでくれていました。

舞い込んできた完品標本

2021年5月のある日、彼から1通のメールが届きました。鹿児島県出水市の河口干潟でチワラスボを採集したところ、臀鰭《しりびれ》に小さなコペがしがみついているとの内容です。

今回彼が採集した場所というのは、誰でも行けるような小さな川の河口でした。添付ファイルを開いて見ると、コペは写真に小さく写り込んでおり、細かな形態はよく分かりません。しかし、一見してあまり変わった形をしているようにも見えないので、「まあ、もしかしたら未記載種かなー」程度に考えていました。

実は、あまり研究が進められていない寄生性のコペでは、未記載種が見つかることは日常茶飯事なのです。極端な話、スーパーの鮮魚コーナーで売られている魚から見つかることだってあります。これが冒頭にお話しした、新種記載の機会は身近に転がっているという例です。よって正直なところ、単に未記載種の発見ぐらいでは、あまり驚かないのです。贅沢な話ではあります。

ただし、今回は少し心に引っかかることがありました。それは、「チワラスボからコペって見つかってたっけ?」という疑問です。寄生性のコペは、種ごとに利用する宿主動物が決まっていることが多いのです。つまり、これまで報告のない生物からコペが見つかるときには大発見である可能性があり、私自身、野外調査の際には常に神経を尖らせていることでもあります。ということで、是枝くんには「ぜひ見せて」と返事をしました。

数日後、彼が小さなプラスチックチューブに入った標本を持って研究室に現れました。ゴマ粒よりも小さな標本が1個体。本当に入っているのか目視できないほどの小ささです。最近はありがたいことに、いろいろな方に標本を採っていただくことがありますが、チューブや瓶の中が空っぽのことがあります。あまりの小ささから、標本の取りこぼしが起きてしまったのでしょう。

さて、今回は入っているのかなと思いながら内容物をシャーレに空け、実体顕微鏡下で探してみます。すると確かに体長1・3ミリメートルの個体が入っていることが確認できました。しかも、状態良好な無傷の完品標本です。是枝くんはこの小さなコペのさらに小さな脚を、1つも引きちぎることなく丁寧に宿主魚から外してくれたのです。

彼自身が研究する魚類がそこまで大きくないことを差し引いても、慣れない作業を細心の注意をもって行なってくれたことが伝わってきました。このおかげで、1個体しかないながらもオシリカジリムシの形態を隅々まで観察することができ、新種記載まで行なうことができたのです。

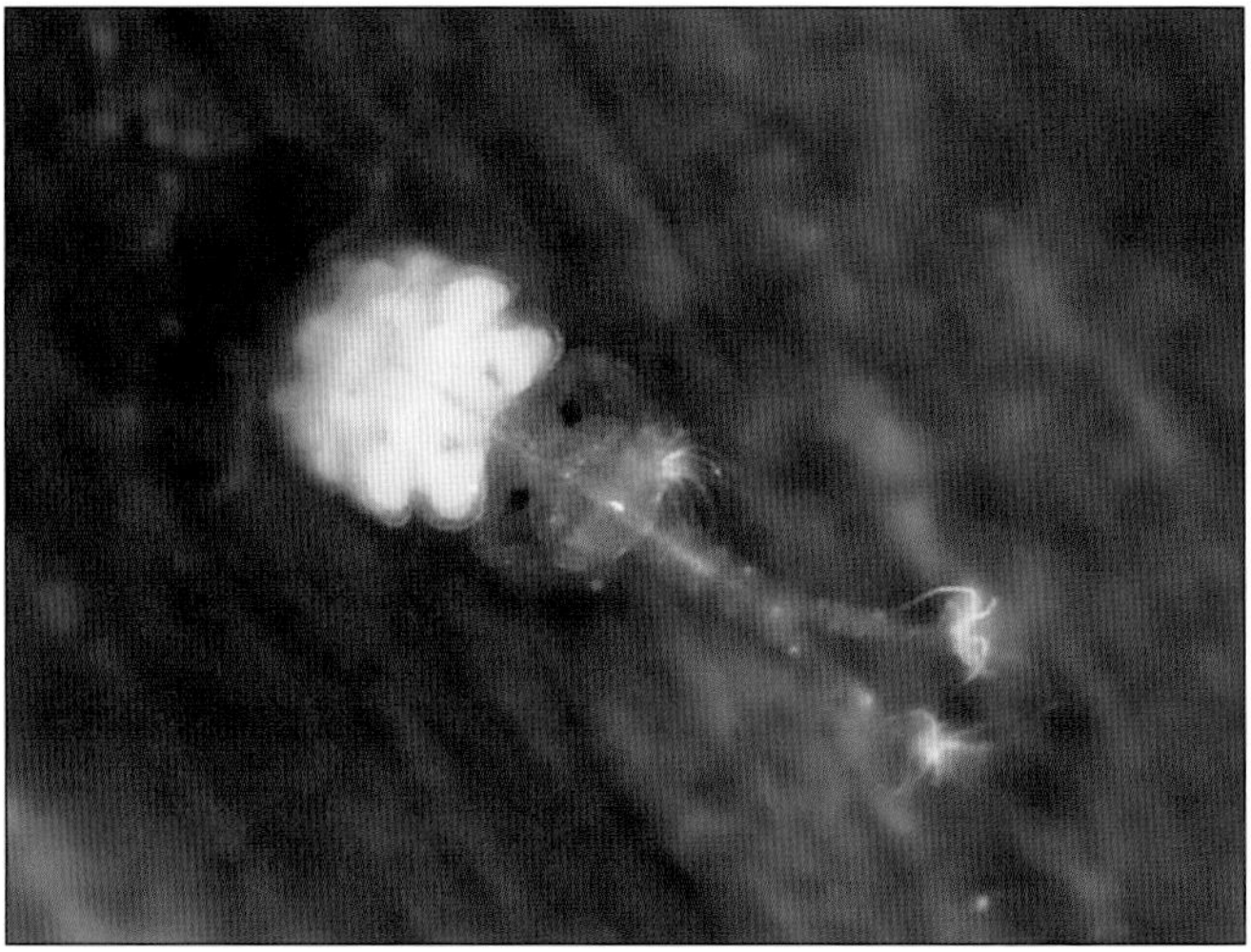

チワラスボに齧りつくオシリカジリムシ。
残念なことにこの個体は臀鰭でなく背鰭
に齧りついていた。

出水市に建てられたオシリカジリムシ発見の地の看板。後ろ
に見える河口部分で実際にオシリカジリムシが発見された。

滅多にない「新科」の設立

結論から言うと、これは大発見となりました。当初私は、既に触れたように未記載種であっても何か近縁種［▼P217］はいるだろうと高を括っていました。しかし、形態を調べ、集めた論文を読み進めても、一向に類似の種は見つかりません。それどころか、まったく近縁でないとされるさまざまな科に属するコペの特徴をモザイク状に具えた、あり得ない種であることが分かったのです。

調べた結果、魚類に寄生する既知のコペとは類縁性が見られず、どちらかと言えば、貝やゴカイなど無脊椎動物に寄生するコペに近縁な可能性がある、とても変わった形態の種と結論付けました。形態的特徴について詳細に記録し、記載を行なうと同時に、その新種が収まるべき箱である属、科についても新たに設立する必要がありました。

新属や新科の設立。我々分類学に携わる研究者にとっては、またとない幸運との巡り合わせです。特に科の設立は滅多に関わる機会がないもの。

最初にオシリカジリムシを見た時は「うーんナニコレ」、などと温度低めに呟いていたはずでしたが、「これは新科の設立が必要かも？」と理解した瞬間には、研究室で1人顕微鏡を覗きながら、思わず叫びました。淡々と行なわれる研究の中で、血沸き肉躍る瞬間が突如訪れる。私は、こうした何かの発見がある瞬間がたまらなく好きで、コペの研究を続けている気がします。

検討を重ね、分かっている数少ない生態学的特徴である、チワラスボの臀鰭に齧《かじ》りつくという事実から、オシリカジリムシという標準和名を充てることにしました。同時に、それが収まる科と属にもそれぞれ、オシリカジリムシ科オシリカジリムシ属と名付けました。

口の大きな特徴的な姿と、一度聴いたら耳から離れないあのメロディーは、当時大学院生であった私の心に強く刻まれていました。これは！　という寄生生物を見つけたときには、ぜひその名前をいただきたいとも考えていました。今回、科、属、種と名前をつける必要がある寄生生物に出会い、温めていた案を使わせていただいたのです。感無量です。

また、後日オシリカジリムシが発見された鹿児島県出水市に「オシリカジリムシ発見の地」の案内看板が建ち、この新種記載が地域貢献に繋がったのは、予想外の喜びでした。

今回のように、新種と巡り合うチャンスはそこら中に存在しています。ただし、それに気づくにはその生物について予め知っておく必要がありま

す。知らないものは見えないのです。日本は生物的にとても恵まれており、今後も多くの新種が記載されていくことは間違いありません。諦めずに観察を続け、是非、身近な新種をみなさんの目と手で見付けていただきたいと思います。

是枝伶旺（これえだ・れお） 1998年、大阪府生まれ。鹿児島大学大学院農林水産学研究科2年。専門は南日本沿岸のミミズハゼ属などの底質中に潜むハゼ科魚類の分類学。

上野大輔（うえの・だいすけ） 1981年、東京都生まれ。広島大学大学院生物圏科学研究科博士後期課程修了。博士（農学）。鹿児島大学大学院理工学研究科准教授。動物系統分類学、水族寄生虫学、カイアシ類学などが専門。「採集は自分自身の手で」が信条でスクーバ潜水によるフィールド調査が好き。

記載論文
Uyeno, D. (2022). *Choreftria shiranui*, a new genus and species of cyclopoid copepod (Crustacea: Copepoda) associated with the worm goby from southern Japan, with the proposal of a new family. *Systematic Parasitology*, 99 (1): 23-30.

9

子どもの頃に抱いた〝違和感〟

後生動物 節足動物門 甲殻亜門 軟甲綱

― オオヨツハモガニ ―

Pugettia ferox

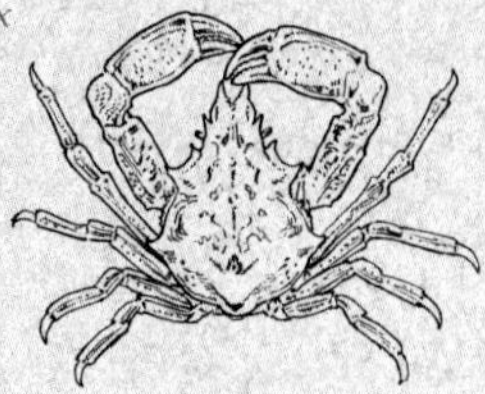

ハサミで体に海藻をつけて、
周囲の環境に溶け込みます

発見した人 | 大土直哉

東京大学大気海洋研究所
大槌沿岸センター

ヨツハモガニの歴史

春先から初夏にかけて、関東地方の磯に行けば、潮が引いて岩からのれんのように垂れ下がったヒジキの下や、テングサのかたまりの中から「とあるカニ」が当たり前のように見つかります。洋なしのような形の甲は海藻とよく似た色で、ちょうどVサインくらいの幅に開いた2本の角(偽額角)の上には海藻のかけらがついています。このカニはヨツハモガニ *Pugettia quadridens*（クモガニ上科モガニ科モガニ属）です。

少し前まで、日本、韓国、中国北部、そしてロシア極東部を含む北東アジアの沿岸には、近縁種［▼P217］のなかでもこのヨツハモガニばかりが分布していると考えられていました。しかし今ではたくさんの種がごちゃ混ぜになって分布していることが分かっています。私たちが三陸・大槌湾で見つけた新種のカニ、オオヨツハモガニ *P. ferox* も、その中の1種でした。しかし、その「発見の瞬間」と言われると困ってしまうのです。果たして、いつが始まりだったのか……。

話はいきなり幕末へ移ります。19世紀のはじめ、ドイツ人医師シーボルトは長崎の出島滞在中にたくさんの動植物の標本を収集し、オランダのライデン王立自然史博物館に送りました。それらを元に3人の研究者が、アユやニホンツキノワグマなど、現在の私たちにはお馴染みの生物をたくさん新種として記載しました。『日本動物誌 Fauna Japonica』と呼ばれるその歴史的大著の中で、ヨツハモガニもまた新種〔▼P217〕として記載されました。きっとその頃も磯では当たり前のように見つかったのでしょう。

19世紀末頃から、ヨツハモガニはようやく日本人の研究者にも扱われるようになりました。海藻の中にいるカニは大体このカニだ、とまで言われるようになる一方で、次第にさまざまな形態の変異が指摘されるようになり、1940年頃までの文献には、多様な沿岸環境に生息している「極めて変異多き種類」だとか「本種の分類は困難である」との評価が見られます。それに前後して、いくつかの類似種〔▼P217〕が記載されましたが、肝心のヨツハモガニをめぐる状況は大きく変わることはありませんでした。

私とヨツハモガニ

昭和が終わるちょっと前に、関東の海なし県に生まれた私は、小学3年生の夏休みに国立科学博物館のイベントで、日本を代表するカニ類の研究者、武田正倫先生と出会いました。これをきっかけに、カニをはじめとする海の生物の魅力に引き込まれていきました。毎年、ゴールデンウィークや夏休みには三浦半島や東京湾、父の実家のある北陸などでカニを採集したり、時には博物館で教材にされていた標本をいただいてきたりして（おおらかな時代でした）、自由研究の題材にしていたのです。

ヨツハモガニも最初はそのようにして出会った1種でしかなかったのですが、次第に気になる存在になっていきました。というのも「これがヨツハモガニだよ」と言われるものが、図鑑の写真と同じものに見えないのです。図鑑同士を見比べてもなんだか違うように思いました。ほかのカニはみんなだいたい図鑑のとおりなのに！

やがて、この違和感は私だけでなく当時の研究者のみなさんも抱いているものであることが分かってきました。大学に入る頃までにはヨツハモガニに限らず「クモガニ類は種内変異［▼P218］について未整理のものが多く、種同定が難しい」ということを方々で聞きかじっていました。本格的に生物学を学び始めると、一口に種内変異と言っても、雌雄の差や二次性徴のように成長に伴って現れる変化など、さまざまなものがあることが分かり、分類の混乱の根源たる種内変異について自分でも調べられるようになりました。

その頃、特に面白いと感じていたのは、カニの甲とハサミの相対成長です。横軸にカニの甲のサイズ、縦軸にハサミの長さをとると、きれいな直線関係になるのですが、あるところで突如、その関係が変わるのです。これはオスの二次性徴の発現だとか、性的成熟の指標などと解釈されていますが、クモガニ類のオスでは特に顕著で、生涯最後の脱皮でハサミが急に大きくなり、形も少し変わります。手元の普通種（ごく普通に見られる種）の標本を集めて、ノギス片手に相対成長式を作ってそれを確認することにハマりました。

大学院では東京大学大気海洋研究所の河村知彦先生のご指導を受け、横須賀・長井をメインフィールドにして、クロアワビやトコブシ、サザエの稚貝の周りに出現する十脚甲殻類（エビ・カニ・ヤドカリの仲間）の生態についてテーマを探して研究することになりました。相模湾で海藻の中をさらったらヨツハモガニ（と呼ばれている何か）がうじゃうじゃ出てくることは経験的に分かっていました。

生態学では、たくさんいる生物を研究対象とするのが定石ですが、正確に種同定ができない種の研究はできませんから、とても困りました。しかし三陸や北海道では、ヨツハモガニが放流直後のエゾアワビやウニを食べるという報告もあり、研究室の方向性とも合うし、種同定さえクリアすれば研究の発展可能性としてはなかなかよいのではないか……。結局、分類も生態もほぼ同時進行というハードモードで取り組むことになりました。

北海道・三陸の「大きなヨツハモガニ」

研究者の卵として、いざヨツハモガニを調べ始め困ったのは、本種の種内変異を指摘した研究の多くは、文章や簡単な図のみでその形態的特徴を説明しており、使っている言葉も現在の感覚からするとかなりいい加減であることでした。ならば、と改めてその標本を観察し直そうとしても、使った標本の情報が書かれていないので、その標本がどこにあるのか分からないのでした。

しかも原記載［▼P217］はラテン語で、古い論文にはドイツ語やイタリア語のものも。20世紀後半になると日本、中国、韓国、ロシアからそれぞれの国の言語で書かれた論文も出てきました。なるほど、誰も手を出さないのにはそれ相応の理由があるのでした。

しかし、突破口はありました。その頃、ヨツハモガニの種内変異に関する情報の中でも特に有名なものに「北海道・三陸の標本はごつくて大きい」というものがありました。このことを最初に指摘したのは横浜国立大学の故・酒井恒博士。なんと1938年のことでした。酒井博士は、岩手県の標本は伊豆半島南端の下田の標本よりずっと大きく、甲はあちこちゴツゴツしていて、大型雄のハサミの歯並びも違うと指摘しました。酒井博士は1976年にも三浦半島三崎と北海道函館の標本をもとに同様の指摘をしました。

それまで東北・北海道に行ったことのなかった私は、それがどのようなものか知りませんでしたが、2タイプのヨツハモガニが並んだ写真を見た瞬間、直感的にこれらが同じであるはずがないと思いました。どちらも生涯最後の脱皮を終えた大型の雄で、立派なハサミを持っていましたが、その歯並びが明らかに違っています。いくらクモガニ類が多様と言っても、この成長段階においてハサミが二型を示すクモガニ類などいないのです！

修士論文をまとめながら河村先生に、「実は修

ヒジキ群落の中から見つかったヨツハモガニ。目の後ろに2つの突起があり、左右合わせて「四つ歯」、海藻の中によくいるので「藻蟹」。

ハサミの
歯並びが違うことに
注目した

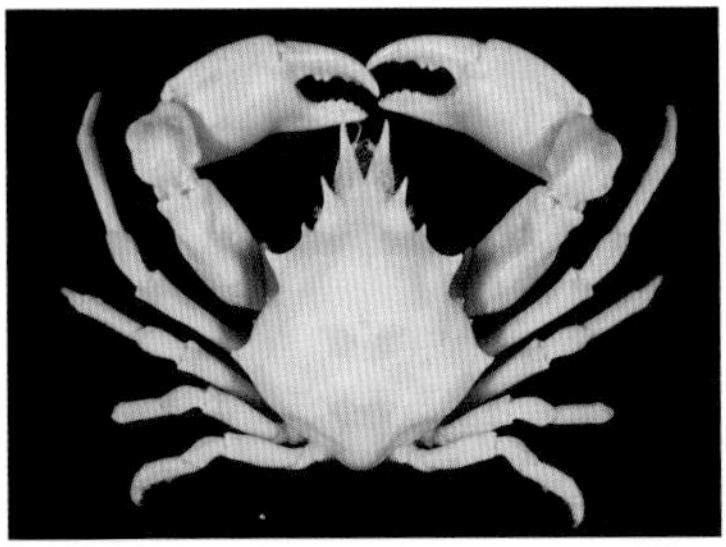

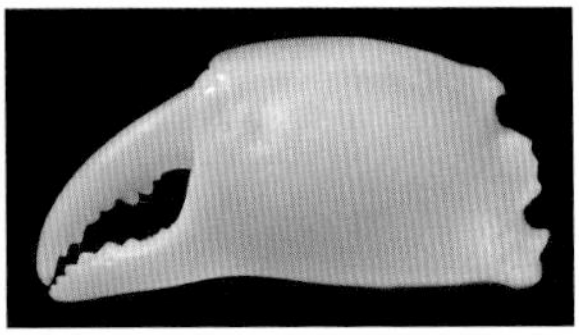

ヨツハモガニの標本とそのハサミ

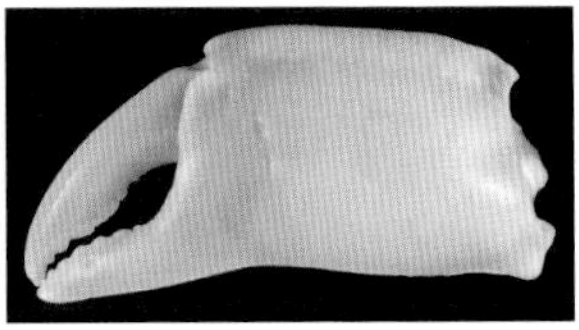

オオヨツハモガニの標本とそのハサミ

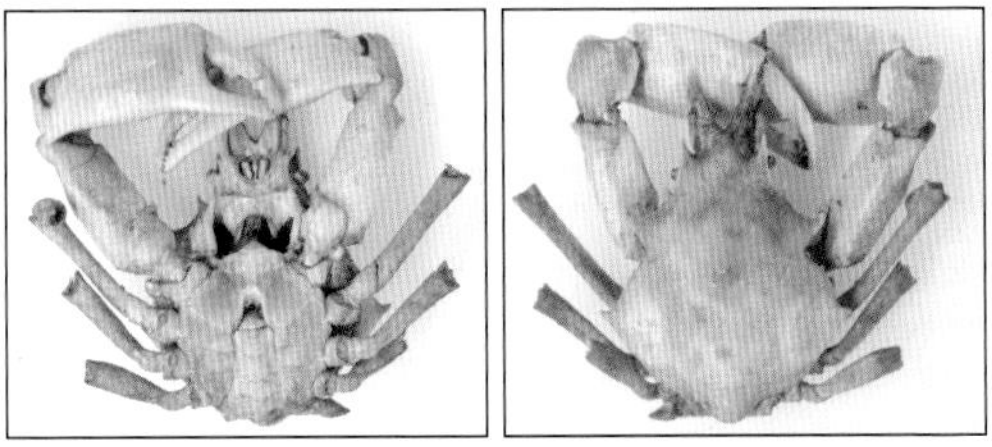

ヨツハモガニのレクトタイプ標本（ナチュラリス生物多様性センター所蔵）

論で扱ったヨツハモガニと三陸のヨツハモガニは種が違うようです」という話をしました。河村先生はずっと三陸で資源生物の研究を続けておられましたので、「それじゃあ修士論文が終わったら東北でヨツハモガニ採集行脚をしようか」という話になりました。

しかしその後まもなく東日本大震災が起こり……我々も三陸地方もそれどころではなくなってしまいました。

震災の数か月後の夏、まだ余震が続き、学生による東北地方への調査遠征の自粛が呼びかけられ悶々とする中、エゾアワビとウニ類の生息状況を調査しに行った河村先生が、三陸のヨツハモガニをたくさん採ってきてくださいました。第一印象は、やはりでかい！

私はすぐに手元の横須賀・長井の標本と見比べ、30分とかからず別種と確信しました。まず眼窩周辺の構造の違いによって2地域の標本ははっきりと区別され、さらにカニ類の種同定において観察が必須と言ってもよい雄の交尾器（第1腹肢）の形態が明らかに違うことが分かりました。

しかも横須賀・長井の標本では、生涯最後の脱皮を終えた雄の大きなハサミはそれまでの小さなハサミと異なり、可動指の中ほどに大きな歯が2つあるのに対し、三陸の標本ではそのような歯並びの明らかな変化は起きないことが分かりました。

さて、ここで気になるのは「真のヨツハモガニ」はどちらなのかです。

「真のヨツハモガニ」はどっち？

残念ながら、ヨツハモガニの原記載には、モガニ属ならどの種にも当てはまりそうなことしか書いてありませんでした。そして図版を見る限りでは三浦半島のものにも近いように思えましたが、結局は担名タイプ［▼P216］をちゃんと観察して、その形態的特徴が一致するものが「真のヨツハモガニ」ということになります。

そこで現在、シーボルト標本を保管している「ナチュラリス生物多様性センター」に、こちらの事情を説明し、レクトタイプ［▼P216］の写真撮影をお願いするメールをダメ元で送ってみました。しばらく返信がなく、もうほとんど諦めたとある日の夕方、とても温かなメッセージと美しい標本写真が送られてきました。

レクトタイプは生涯最後の脱皮を終えた大型の雄でした。そのハサミの可動指に大きな2歯が……ありました。

この瞬間、私が修士論文で扱った横須賀・長井のヨツハモガニこそが「真のヨツハモガニ」であることが確定的になりました。帰り道の足取りのなんと軽いこと！　もう気持ちとしては、北海道・三陸の「大きなヨツハモガニ」は、新種で決まり！　でした。

やはり未記載種！

しかしそれは少し気が早いのです。モガニ属には当時22種が知られており、三陸の「大きなヨツハモガニ」を新種と断言するには、そのすべてと区別できることを確認する必要がありました。

実際のところは、北アメリカやタスマニアのモガニ属と違うことは文献調査ですぐに確認できましたが、国内から記録されている12種についてはどれもヨツハモガニと同様、何を信じればよいのか分からない状況で、またしても担名タイプの観察が必要でした。

日本産モガニ属の担名タイプの大半はナチュラリスとはまた別の海外の博物館にあったため、少しずつ交渉を進めました。結局数年かかりましたが、なんとほぼすべてを確認することができました。1種だけどうしても所蔵場所すら見つかりませんでしたが、幸いにも原記載からも区別可能な種でした。「大きなヨツハモガニ」は間違いなく未記載種［▶P217］であることが、ようやく心の底から確信できました。

タイプ標本についての交渉とほぼ同時進行で、それぞれの種の分布範囲の見直しも始めていました。与那国島から厚岸まで、調査をかねて先輩・後輩と採集しに行くほかにも、国内外の博物館に所蔵されているモガニ属の標本を、時に日帰り、時に泊りがけで調べに行きました。新たな調査地に行くたび、新たなコレクションを見るたびに大小の発見があり、素晴らしい出会いがあり、夕飯が美味かったものです。自分が動かないと何も始まらないこと、しかし、自分1人で解決できることは本当に少ないことを実感する日々でした。

結局、「大きなヨツハモガニ」改め新種オオヨツハモガニは、中国、朝鮮半島、ロシア、国内では北海道から日本側では長崎県、太平洋側では大阪湾までに広く分布していることが分かりました。タイプ産地は岩手県の大槌湾です。北海道と三陸ではオオヨツハモガニしかいないようでしたが、ヨツハモガニとはかなり広い海域で分布が重複していて、なんと横須賀・長井には4種のモガニ属が分布していました。

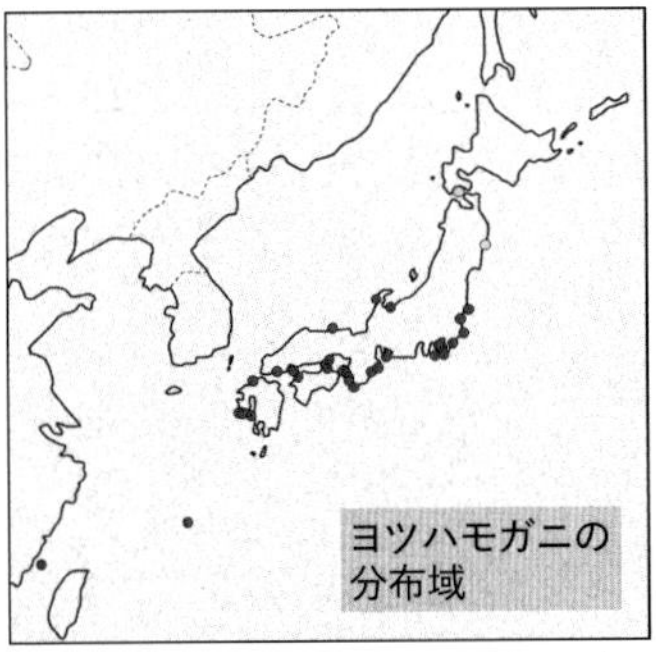

黄丸はOhtsuchi & Kawamura (2019) 以降に採集記録が公表された地域だが、安定した分布域かは疑問視されている（大土ら2021、深澤・和田2022）。

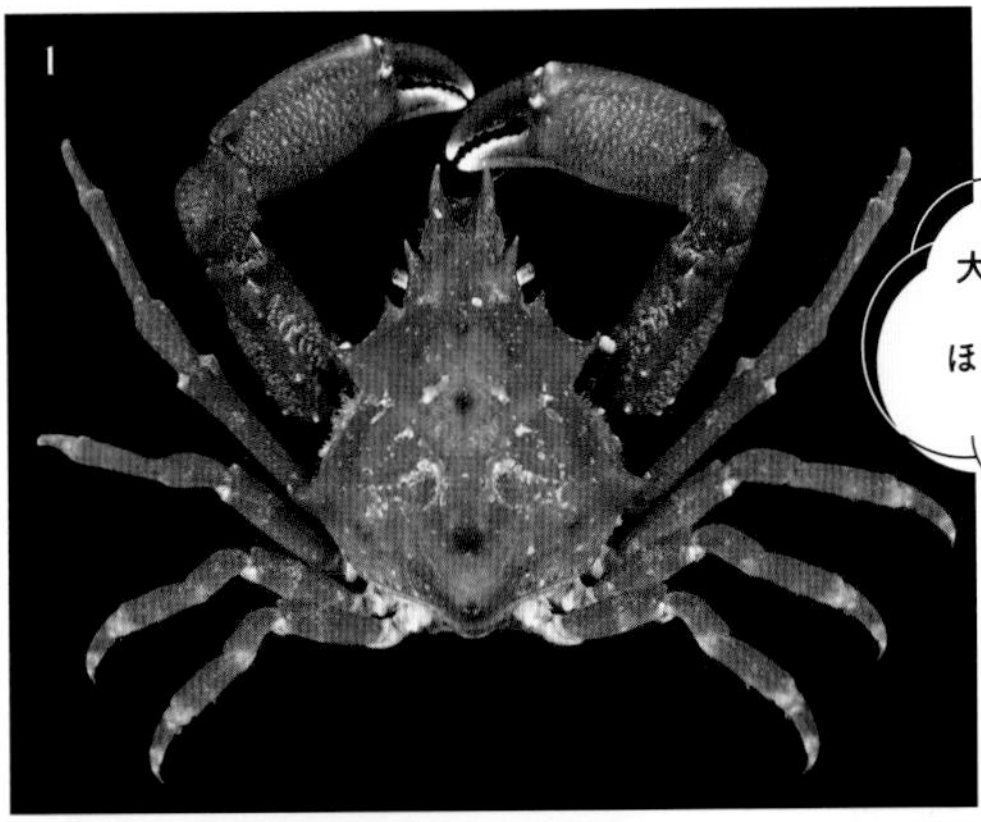

タイプ産地・
大槌湾では岩礁藻場に
生息するカニの
ほとんどがこのカニです。
まさに三陸を
代表するカニ!

1 オオヨツハモガニの体色の一例。**2** 海藻を体につけてカムフラージュするオオヨツハモガニ。**3** エゾアワビを食べるオオヨツハモガニ。(いずれも大槌湾産の個体)

文献調査の結果も合わせると、ヨツハモガニは、なんと4属11種と間違えられて記録されていたことが分かりました。過去にヨツハモガニとして描かれ、研究者を混乱させた図のほとんどがオオヨツハモガニなど別の種だったのです。

新種になったオオヨツハモガニもまた、モガニ属6種と間違えられて過去に記録されていました。研究者ですらそんな状態ですから、ブログやSNSは本当に悲惨でした。「困ったときのヨツハモガニ」とばかりに、海藻の中から見つかったあらゆる（似ても似つかぬ）クモガニ類が「ヨツハモガニ」とされ、掲載写真は半分以上が誤同定なのでした。

時間のかかりすぎた解決

自分のこれまでを振り返ってみれば、いろんなことがオオヨツハモガニの発見に繋がっているように思えるのですが、当事者としてはまるでぬかるみに落ちた、こんがらがった糸を少しずつ解いて色抜きしていくようでした。それでも途中で放り出さなかったのは、学位とか研究費とかを度外視した「本当の疑問」だったからなのではないかと今では思っています。小学生の頃からいつも達成感がなかったヨツハモガニやその仲間の種同定が、三十路が迫る頃になってから、次第にできるようになっていく過程は爽快でした。

ヨツハモガニの問題は、間違いなく分類学の初心者がやるようなものではありませんでした。やるにしても、もっと効率のよいやり方があったはずです。でもこの問題に取り組む過程で、あちこちの磯に行き、多くの方と出会い、多くの水族館・博物館を訪ね、海外の博物館に交渉し、動物命名規約も読まなければならなかった。学会に行って助言をいただいたり、お叱りを受けたり、私を知らない外国の誰かが先に発表してしまうかも、とどうにもならない不安にかられたり……。振り返ればヨツハモガニ問題に向き合うことで、生態学の学生でありながらも分類学の「要所」をなんとか経験できて、なんとか今日の私がいるのだと思っています。ベストではなかったけれど、反省すべきことはたくさんあるけれど、後悔はしていません。

それにしても、私が新種オオヨツハモガニを「発見」した瞬間はいつだったのでしょうか？

記載論文

Ohtsuchi, N. & Kawamura, T. (2019). Redescriptions of *Pugettia quadridens*(De Haan, 1837) and *P. intermedia* A nbsp; Sakai,1938 (Crustacea: Brachyura: Epialtidae) with description of a new species. *Zootaxa*, 4672(1): 1-68.

大土直哉（おおつち・なおや） 1986年生まれ、埼玉県出身。2014年、東京大学大学院農学生命科学研究科博士課程修了。2020年より東京大学大気海洋研究所 国際沿岸海洋研究センター（現・大槌沿岸センター）助教。専門は岩礁藻場に生息するカニ・ヤドカリ類の生態学、およびクモガニ上科を主とするカニ類の分類学。甲殻類と人との文化的な関わりにも強い興味がある。

10

海を越えた連携プレー

後生動物 脊椎動物門 脊椎動物亜門 条鰭綱

― カクレマンボウ ―

Mola tecta

種小名tectaは「変装した・隠れた」の意があるラテン語のtectusに由来します

発見した人 | 澤井悦郎
マンボウなんでも博物館
海とくらしの史料館

僕とカクレマンボウ

2017年7月19日、カクレマンボウ *Mola tecta* が新種記載された論文がオンライン出版されました。マンボウ属の新種として本種の前に *Orthagoriscus eurypterus*（現在はマンボウ *Mola mola* のシノニム［▼P216］）が記載されたのは125年前だったので、カクレマンボウは明治時代以来の、まさに世紀の大発見でした。生物分類の研究が進み、巨大魚の新種［▼P217］はなかなか見つからなくなってきた現在、全長2メートル以上にもなるカクレマンボウのニュースは世界中の人々を驚かせました。

カクレマンボウの学名 *Mola tecta* Nyegaard, Sawai, Gemmell, Gillum, Loneragan, Yamanoue and Stewart の命名者の2番目に注目してくださ

い。そう、私の名前が刻まれています。私はカクレマンボウの名付け親の1人なのです！　幼稚園の頃からマンボウ科魚類（以下マンボウ類）が好きだった根っからのマンボウヲタクの私が、30年以上の時を越え、こうして好きな生物の命名者になり、歴史に名を刻むことになろうとは……。人生何が起こるか本当に分からないものです。

令和に時代が移り、まん延防止等重点措置の略称「まん防」が魚のマンボウと発音が同じということでたびたび世間の話題になりましたが、私はその魚のほうのマンボウの研究者です。私は2015年に広島大学の大学院でウシマンボウ *M. alexandrini* の学名を特定する研究で博士号を取得し、紆余曲折あって現在は無職で、クリエイター支援サイト「ファンティア」での収入と貯金で税金を相殺しながら論文を書き続けている廃人のような人物です。ウシマンボウも2017年に再記載された種で、マンボウより認知度が低いため、本書で初めてこの名を知った方もいることでしょう。ウシマンボウとカクレマンボウの発見から記載されるまでの経緯は、私の著書『マンボウのひみつ』（岩波ジュニア新書）と『マンボウは上を向いてねむるのか：マンボウ博士の水族館レポート』（ポプラ社）に詳しく書いています。

マンボウ類の新種発見の難しさ

地球上に一体どれだけの生物が存在しているのかについては、さまざまな推定がなされていますが、現在もよく分かっていません。1つ確かなことは、新種はまだまだ地球上にたくさん存在しているということです。

地球上に現存する種に対して、それを研究する分類学者の数は圧倒的に足りていません。なぜなら、新種らしき生物を見つけても、それを新種だと証明するには膨大な時間がかかる場合があるからです。カクレマンボウの場合、新種っぽいなと気づかれたのが論文基準で考えると2009年、記載されたのが2017年なので、少なくとも証明に8年はかかっています。

カクレマンボウが記載されるまでになぜこんなにも時間がかかってしまったのか。その要因の1つに私の勘が外れていたことが挙げられます。「運」を持っているかどうかも生物採集には結構重要です。新種を見つけるぞ！　と未開の地に踏み込んでも、新種と出会えなければ意味がないですからね。

マンボウ属は世界中の温帯から熱帯に幅広く生息しています。言わば、南極と北極を除く全世界が研究対象域。しかし、私は英語が苦手というか、嫌いだったので、情報収集に難がありました。

また、日本学術振興会特別研究員に外れた貧乏学生だったので、ほいほいと気軽に海外調査に行くこともできませんでした。それでもマンボウ類がサンプリングできる情報を掴んだときには、台湾やヨーロッパに調査に行ったのですが、残念ながらカクレマンボウと遭遇することはできませんでした。

私が研究を始めた2007年当時、先輩の研究のDNA解析[▼P218]によって、マンボウ属には3種が存在することが分かっていました。これらが現在のマンボウ、ウシマンボウ、カクレマンボウに当たります。しかし、この中でカクレマンボウ（当時は「マンボウ属のC種」と仮称）は未記載種［▼P217］でした。しかも、肉片をDNA解析したデータと、たった1個体の写真しかない謎だらけの存在だったので、新種として記載するには圧倒的に情報が不足していました。

　カクレマンボウは南半球にいることは分かっていましたが、結局私は南半球の治安のよい地域でマンボウ属を採集する方法を見つけ出すことができず、カクレマンボウの新鮮な肉も未だに食べたことがありません。命懸けの冒険者にはなれなかったのです。

研究仲間・マリアンとの出会い

　そんな私がカクレマンボウの名付け親になれたのは、2013年、当時オーストラリアのマードック大学で博士課程の大学院生だったマリアン・ナイエガードさんが、私の指導教官に電子メールを送ってきたことがきっかけでした。マリアンはオーストラリア・ニュージーランド海域でマンボウ属のDNA解析の研究を始めたとのことで、同業者として情報交換しているうちに仲良くなり、自然と共同研究をする流れになりました。

　海外の研究者との共同研究は国外の情報も得ることができ、視野も広がり、苦楽も共有できるので楽しいものでした。ゲームに例えるなら、論文執筆はクエスト、共同研究はクエストに向けて仲間を集めてパーティーを組むといったところでしょうか。

　2014年5月、マリアンはカクレマンボウを入手したという驚きのメールを送ってきました。メールの写真を一目見て、私はマンボウともウシマンボウとも違う種だということを理解しました。そして、それは唯一見たことがあったカクレマンボウの写真と同じ形態でした。

南半球に住む地の利を活かしたマリアンの勝利だなと感じた私は、遺伝的に分かれたマンボウ属3種のうち、私がマンボウとウシマンボウの学名を特定する論文を書き、カクレマンボウの新種記載はマリアンに譲ることにしました。

しかし、マリアンが南半球に住んでいるとはいえ、マンボウ属のサンプルをたくさん入手することは難しいことでした。なぜなら日本での研究とは事情が異なり、年に数回程度ある座礁を待つか、釣れるのを待つかという運に依存したサンプリング方法しかない状態だったからです。さらにマンボウ属は基本的に普通の魚よりデカいので、サンプルを得る機会があっても、丸ごと持ち帰って保存することができず、多くの場合、現場で解剖したり計測したりしてデータを取るしかありません。

そこで、研究を先行していて解剖の経験もあった私が、マンボウ属の識別ポイントをマリアンに教え、マリアンは現地で地道にサンプルを集めながら、カクレマンボウの分類形質を探すという方針で調査を進めました。まさに、北半球の私と南半球のマリアンがタッグを組んで、赤道を超えて謎に満ちたカクレマンボウの形態を解き明かしていくことになったのです。

この時は謎を解き明かしていくドキドキ感と同時に、誰かに先に新種記載されてしまわないかという不安があり、落ち着きませんでした。新種の命名は基本的に早い者勝ちなので、誰かに先に新種記載論文を発表されてしまうと、もう名付け親にはなれないのです。マリアンは共同研究チームの代表として、かなりのプレッシャーを感じ、神経質になっていたようでした。

カクレマンボウのタイプ標本

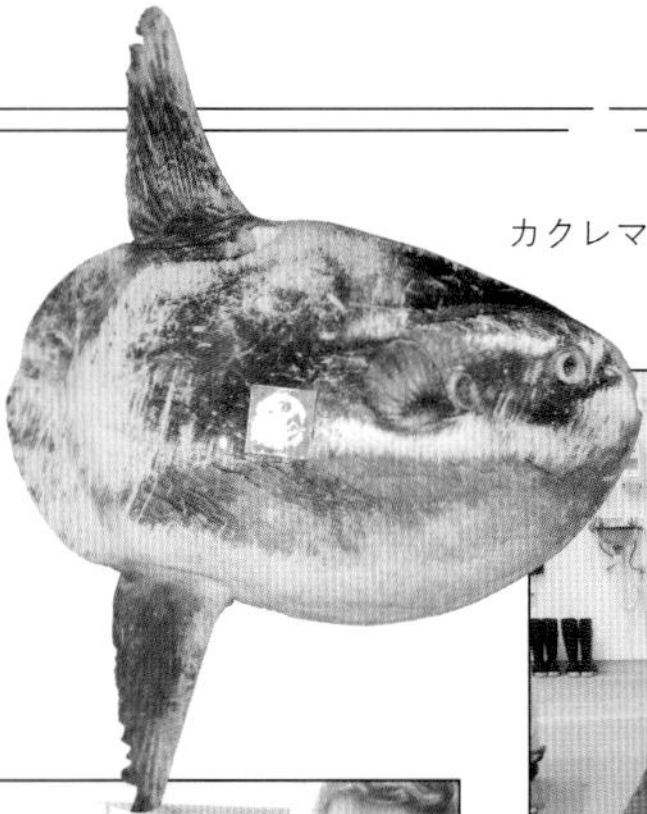

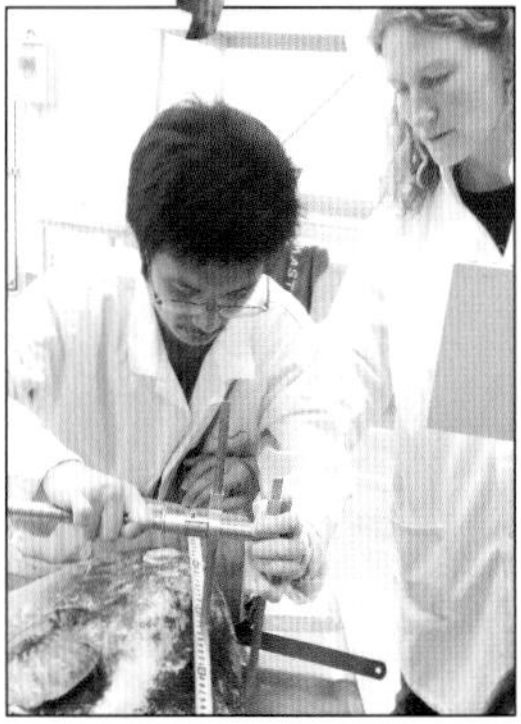

カクレマンボウのタイプ標本計測時の様子。ニュージーランド国立博物館テ・パパ・トンガレワにて。(Salme Kortet撮影)

カクレマンボウのタイプ標本と著者とマリアン・ナイエガードさん（ニュージーランド国立博物館テ・パパ・トンガレワにて）。

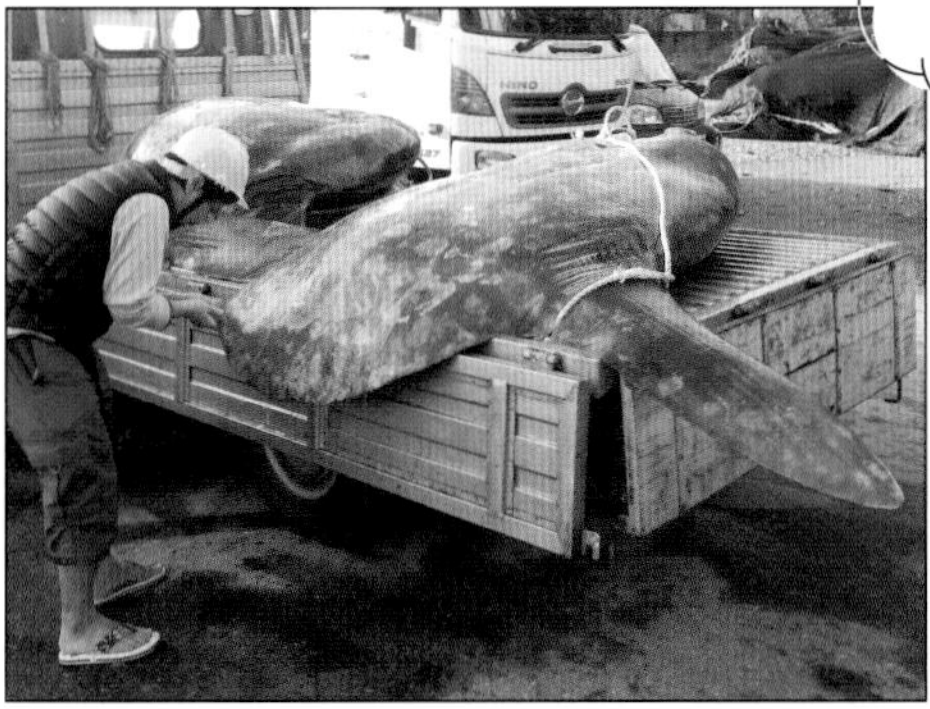

マンボウ類は大きいので船の上ではなく、陸地へ上げてから計測・解剖を行なう。写真は台湾でのウシマンボウの形態観察の様子。

カクレマンボウを新種と証明する

カクレマンボウを新種記載するには、過去に記載されたマンボウ属すべての種と形態的に異なることも証明しなければなりません。マンボウ属の原記載論文（英語以外の言語もあるので翻訳が超大変！）［▼P217］をすべて集め、本属の現存するすべてのタイプ標本［▼P216］の形態を調査し、カクレマンボウのシノニムリストを作らなければなりません。

原記載論文はドラゴンボールみたいに世界中に散らばっており、インターネットのアーカイブ化が進んでいなかった時代は、古文献の探索・収集は大変だったと思います。しかし、現在、魚類の場合はアメリカの博物館が運営している「Eschmeyer's Catalog of Fishes」というサイトに、原記載や種の分布に関する文献情報がまとまっているので、このサイトにリストされている文献をすべて集めればほぼ問題ないと思います。

また、国際動物命名規約にも目を通さねばなりません。これは動物の学名を新たにつけたり変更したりする際の国際的なルールをまとめたガイドブックのようなもので、記載の際にはこの規約に従う必要があります。

さらに、タイプ標本はその種の世界基準となる重要な標本なので、現存しているものは必ず調査する必要があります。マンボウ類の場合、原記載論文は古い時代のものが多く、タイプ標本も失われているものが多かったので、原記載論文に書かれている内容から現存するどの種と一致するのか、そもそもその学名が有効なのか無効なのかは想像を膨らませて解釈するしかなく大変な作業でした。

ただ、その一方でそれほど海外を飛び回らなくて済みました。

こうしてDNA解析で偶然発見されたカクレマンボウは、私たちの地味な裏付け作業によって2018年にようやく新種として正式出版することができたのです。長い時間がかかったぶん、論文が出版された時の喜びも大きいものでした。研究を始める前は、私もマンボウ属のすべての種が同じに見え、DNA解析しないと種を識別できない状態でしたが、熟練した今では体の一部の写真を見ただけでもある程度同定できるほど鑑識眼がレベルアップしました。賢者のように分類の知識が頭に入っていると、次にマンボウ類の新種を見つけた時はどこがどう違うのかをすぐに示すことができるので、論文の出版も早くなると思われます。

今回はまったく触れませんでしたが、マンボウ科にはほかに属の異なるヤリマンボウ *Masturus lanceolatus* とクサビフグ *Ranzania laevis* がいます。しかし、詳細には調べられていないので、これらの属の中にも新種がいる可能性はまだありません。それを見つけるのは私かもしれませんし、これを読んでいるあなたかもしれません。

澤井悦郎（さわい・えつろう）　1985年生まれ、奈良県出身。広島大学大学院博士課程修了。博士（農学）。研究機関に所属せずとも論文を出せることに気付き、「マンボウなんでも博物館」をネット上に作って研究・創作活動を行なっている。海とくらしの史料館特任マンボウ研究員の肩書はあるが、実質無職。レンタル博士など個人や企業からの依頼を大募集中。Twitter(@manboumuseum)

記載論文

Nyegaard, M., Sawai, E., Gemmell, N., Gillum, J., Loneragan, N.R., Yamanoue, Y. & Stewart, A. (2018). Hiding in broad daylight: molecular and morphological data reveal a new ocean sunfish species (Tetraodontiformes: Molidae) that has eluded recognition. *Zoological Journal of the Linnean Society*, 182(3): 631-658.

11

幻の新種となった深海魚

後生動物 脊椎動物門 脊椎動物亜門 条鰭綱

― エピゴヌス・オカモトイ ―

Epigonus okamotoi

岡本さんの名前から
okamotoiと命名されました

発見した人 | 岡本 誠

水産研究・教育機構
開発調査センター

夢に見た「献名」を受ける

深海魚の中にヤセムツ科のヤセムツ属という魚類がいます。特徴としては、眼が大きく、生きている時の体色は黒っぽく地味な魚です。深海魚と言うとリュウグウノツカイやチョウチンアンコウなど、奇妙な形を想像するかもしれませんが、ヤセムツ属魚類はどちらかと言えば普通の魚の形をしています。泳ぐことも得意で、大きい種類は全長80センチメートル、小さい種類は5センチメートルと多種多様なグループです。

この魚の分類については、かつてロシアの研究者が長きにわたって研究していましたが、私が改めて世界中の標本を調べてみると、新種【▼P217】が出るわ出るわで、2007年以降、10種類以上の新種記載を行ないました。これまで世界で約40種、日本には6種が確認されています。

まだまだ新種と考えられる標本が世界中にたくさんあり、調べないといけないな、と思っていた2017年のある日のこと。ドイツの魚類学者から1通のメールが届きました。

その内容は、「東南アジアで採れたヤセムツ属魚類の新種発表をした。その学名に君の名前をつけさせてもらったよ」というものでした。メールにはその論文が添付してあり、タイトルには *Epigonus okamotoi*（エピゴヌス・オカモトイ）の学名が記されていました。

もう心臓がバクバクです。分類学者であれば、自分の名前が学名につけられることに喜びを感じない人はいないでしょう。これを「献名［▼P217］」された、と言いますが、自分もついに世界に認められたのか！　と浮かれたあの瞬間のことは、今でも忘れません。

私自身が長らく研究を続けてきたヤセムツ属魚類の1種ならば、この目で見ておかねばなりません。ましてや、自分の名前が入っているならなおさらです。論文を詳しく読むと、どうやらそのタイプ標本［▼P216］は台湾の研究機関に所蔵されていることが判明しました。

早速、その機関の責任者に連絡をとり、エピゴヌス・オカモトイを見せてほしいとメールを送信。先方は教授でしたが、私の名前を見て「オカモトイのオカモトだな！」と察してくれたようで、すんなり了承を得ることができました。

よし10日後には出発しよう、とすぐに決めましたが、滞在日程に関しては、もしかするとその標本データを取る期間を少しとったほうがいいかもしれないと考え、2泊3日の行程にしました。

ついに台湾で標本と対面

台湾に到着した翌日、教授は研究所の門で待ってくれていました。ひととおり施設などの説明をしてくれた後に、標本庫が隣接している研究室へと案内してくれます。

やや薄暗い建物で、長い歴史を感じます。教授は入室した直後、「ここにサインをしてくれないか」と入り口のドアを指して私に言いました。よく見ると、ドアには有名な魚類学者のサインがびっしり！　自分が書いていいのかな？　と少し戸惑いましたが、油性マジックを受け取り、ぎこちないローマ字のサインと日本語のサインを併せて書きました。実は、やや浮かれ気分だったのは、この時までです。

その後、教授は部屋の中央の机に案内してくれました。机には縦長の標本ビンが置かれています。中に入っていたラベルを見てすぐに、エピゴヌス・オカモトイの標本だと分かりました。

ついに対面できた。これが自分の名前がつけられた魚か！　海外へ来たことによる気持ちの高ぶりもありましたが、感動でやや体が震えていました。

ビンの中はアルコールで満たされており、外からは魚の体がゆがんではっきり見えません。「取り出していいですか」と教授に聞くと、自由に観察してもいいよ、と言ってくれただけでなく、そばにあった顕微鏡の使用もすすめてくれました。標本ビンをそっと開けて、プルプル震えながら魚をピンセットでプラスチック容器に移しました。しかし、その魚体を見た瞬間、嫌な予感がしました……。

この魚、なんか見たことあるな。既視感というTwitterでしか見たことがない言葉の状況が今の自分にも起こっている気がしたのです。

いや、そんなはずはない、オカモトイは新種で間違いない、そうでなければ自分は何をしに台湾へ来たのだ。

気持ちがやや悪いほうへ引きずられそうになったので、冷静に標本を観察しました。とりあえず魚類分類学の基本的なデータを確認することに。体長、頭の長さ、ヒレの長さ、ヒレを支える細い骨（鰭条《きじょう》）を数えるなどのデータを取っていきました。骨の形態を調べるため別の研究棟に移動して、エックス線まで撮影させてもらいました。

しかし、そのデータの数が増えれば増えるほど、嫌な予感は確信に変わっていきました。これは新種じゃない。この魚は私が2年前の2015年に新種として発表した魚と同じ種類だと。

気づいてしまったからには……

オカモトイの論文を読んだ時点である程度、予測できたのではないかと思う人もいるかもしれません。しかし、オカモトイの標本は1個体しかなく、また状態が悪かったため、論文の写真はよくありませんでした。実際に観察した標本は頭部がややつぶれており、私が発表した種類の魚とは少し違う印象を受けました。しかし、多くのデータが一致したことから同種であることは間違いありませんでした。

私が発表した魚は東南アジアで採れたヤセムツ属魚類で、学名は *Epigonus draco*（エピゴヌス・ドラコ）といいます。オカモトイも同じく東南アジア産でした。

両者が実は同種であったという事実を知ってしまった以上、分類学者としては黙っておくことはできません。この事実を放置すると、のちの研究者に混乱を与えてしまうことになるからです。よって、その間違いを正すために論文を書く必要があります。今回のような状況は「オカモトイとドラコはシノニム［▼P216］である」、という表し方をします。シノニムとは、それぞれ別の学名がつけられていますが、実は同じ種類であることを表す専門用語です。

本音を言えば、自分の名前のついた学名をこの世から消したくはありません。まあ今回の事実を黙っておけば永遠に誰も気がつかず、自分が死んでもオカモトイの名前は生き続けるだろうと思いました。ちょっと悪いほうの自分が一瞬、顔を出しましたが、「いやだめだ、これで新しい論文、1本書けるじゃん」、ってポジティブに考え直すことにしました。とはいえ、台湾での残りの2日間については、死んだ眼をして過ごすしかありませんでしたが。

オカモトイを無効名にする

日本に帰国してすぐにデータを整理して、論文を書くための準備をしました。この時点で、形態的な特徴についてはオカモトイとドラコは一致したのですが、遺伝子データの比較はまだ行なっていませんでした。

魚類はホルマリンなどで保存されてしまうと、DNA解析［▼P218］を行なうことは困難になります。半分諦めかけていましたが、台湾の教授は魚をホルマリンに保存する前に肉片をとって冷凍

1

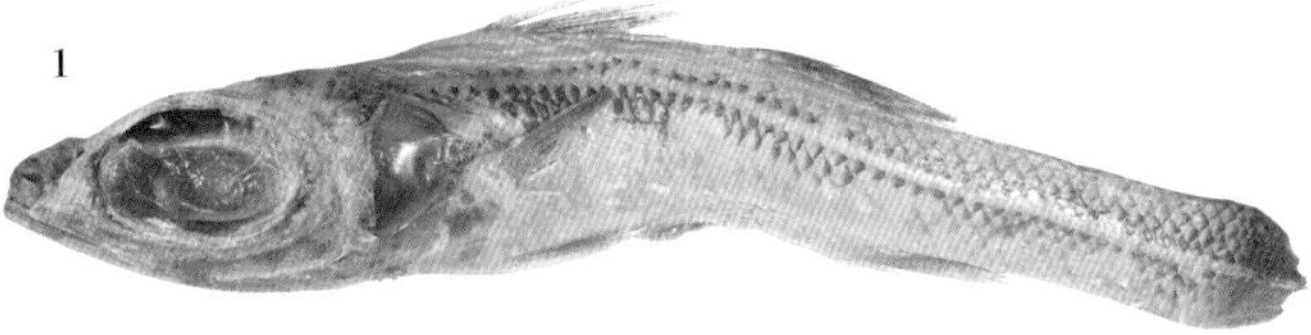

2

幻の新種となってしまったエピゴヌス・オカモトイ（1）と、かつて私が記載したエピゴヌス・ドラコ（2）。両種は同一種だった。3 台湾の研究所に保管されていた、エピゴヌス・オカモトイのアルコール標本。

北太平洋中央部に
生息する
深海魚です

のちに献名を受けた、新種の
ビデニクチス・オカモトイ。

しており、それをもとにDNAについても比較をしてくれました。その結果は残念というか、やはり遺伝的な差についても認められず、同じ種であることが証明されることとなったのです。

それまで私は深海魚の論文を書くことについて、あまり嫌だと感じたことはありませんでした。英語が苦手で行き詰まった状況になったことはありますが、今回の論文については初めて書きたくないという心境に悩まされました。結局、「研究者なら論文を書け」という念仏を唱えてなんとか乗り切ったのです。

オカモトイは2017年に発表されましたが、ドラコは先に2015年に発表されています。動物命名規約という世界的なルールがあるのですが、それに従うと同種の場合、先に発表された学名のほうが有効となります。つまり、後から発表されたオカモトイという学名は無効名[▼P216]になるのです。自分で自分の名前のついた学名を取り消す論文を泣く泣く書くこととなるとは思いもしませんでした。このような悲しい論文を書いた魚類学者はほとんどいないでしょう。

この論文は無事、2018年に公表されました。これによりオカモトイの学名はたった1年で消滅しました。これを受けてドイツの研究者にも、「申し訳ないがあれは新種ではなかった」という事実を伝えました。幸い、彼からは理解をいただき、わだかまりもなく、今でもときどき、メールのやりとりをさせていただいています。こういうことで研究者同士の関係が崩れて、学会などで顔を合わせづらくなることもあるので、慎重にしないといけないケースでもあったのです。

この出来事は私にとって大変切ないエピソードではありますが、今となっては笑って話せる貴重な体験となりました。実はその後、2021年に、フサイタチウオ科という別の深海魚の仲間の新種に、また私の名前をつけてもらう機会を得ました。この魚はデンマーク、ノルウェーなどの研究者たちによって新種発表され、学名は *Bidenichthys okamotoi*（ビデニクチス・オカモトイ）として記載されました。

実はこの魚を世界で初めて発見したのは私で、その後、自分の眼でしっかりと観察し、ほぼ新種だという確証を得ました。しかし、自分の専門外の魚であったため、専門家のいるヨーロッパへと標本を送ったのです。将来、私がこの世からいなくなっても、このオカモトイという魚の学名が今度こそは生き続けてくれることを願わずにはいられません。まあこのように学名を整理することも、いわば分類学の重要な役割なのです。

岡本誠（おかもと・まこと）　1974年京都府生まれ。北里大学水産学部で博士号を取得。これまで日本魚類学会編集委員、代議員となる。専門は深海魚の分類学、仔稚魚の生態など。名前をつけた魚は40種以上。

記載論文
Okamoto, M., Chen, W.-J. & Shinohara, G. (2018). *Epigonus okamotoi* (Perciformes: Epigonidae), a junior synonym of *E. draco*, with new distributional records for *E. atherinoides* and *E. lifouensis* in the West Pacific. *Zootaxa*, 4476: 141-150.

12

“ドジョウの泥沼”に踏み込む

後生動物 脊椎動物門 脊椎動物亜門 条鰭《じょうき》類

— シノビドジョウ —

Misgurnus amamianus

南西諸島で
ひっそりと暮らしています

発見した人｜中島 淳　福岡県保健環境研究所

スーパーフィッシュ・ドジョウ

そう、私はそれを「ただのドジョウ」だと思っていたのでした。しかし、共同研究者の橋口康之さん（現大阪医科薬科大学）から送られてきた遺伝子解析［▼P218］の結果は、それが「ただのドジョウではない」ことを明確に示していたのです。ドジョウの泥沼に足を踏み入れた瞬間でした。

ドジョウという魚は、日本に暮らしていれば誰でも一度はその名を聞いたことがあるスーパーフィッシュの1つと言えるでしょう。水田に棲み、10本のヒゲを持ち、にょろにょろと細長いあの魚。ところが、その分類学的な実態については大きく混乱していました。

長らく東アジアのドジョウはドジョウ *Misgurnus anguillicaudatus* ただ1種と信じられてきました。

外部形態の特徴に乏しく、さらに食用目的の放流により、自然分布の実態が不明であったことが大きな理由です。しかし、2000年代以降に発展したさまざまな遺伝子解析手法が、ドジョウは1種として扱うべきではないことを明確に示しました。中国、ロシア、日本を中心に多くの論文が出始め、期せずして、この私もそのビッグ・ウェーブに乗ることになったのです。

問題の「ドジョウではないドジョウ」は、2007年に大学の先輩からもらった西表島の個体と、2010年に趣味の水生昆虫採集中に自ら採った沖永良部島の個体でした。一般的にドジョウ類の種判別マーカー［▼P218］として使われるミトコンドリアDNA調節領域で描いた系統樹［▼P217］の中で、この2産地のドジョウの異質性は燦然と輝いていました。東アジアに広く分布するドジョウ類の、どれとも異なる遺伝子の特徴を持っていたのです。

そういう目で改めて見ると、本土のドジョウとはどこか雰囲気が異なります。これらの産地は南西諸島。生きもの好きなら誰でも知っているとおり、南西諸島の島々は、地球上でここにしかいない固有種［▼P217］の宝庫です。これはヤバいものを見つけてしまったに違いありません。

西表島のドジョウを巡って

2011年6月、私は西表島にいました。趣味の水生昆虫採集では何度も行っていましたが、ドジョウを捕獲したことはありません。6月の西表島は湿度も高く、湿地帯生物の命のざわめきもMAXです。生きものがたくさんいて、楽しくなります。いろいろな水生昆虫が採れます。

おっと、危うく忘れるところでしたが、今回の任務はドジョウです。ドジョウ、ドジョウ、ドジョウ……。なかなか採れません。もういなくなってしまったのか、と思ったその時、立派なオスが1個体採れました。結局この調査ではこの1個体しか採れませんでしたが、一般的にドジョウ類の種の特徴はオス成魚に顕著なので、最低限の任務はクリアしたことになります。

持ち帰ってすぐに遺伝子を調べると、やはり「ドジョウではないドジョウ」でした。さらに文献や聞き取りの調査から、西表島ではドジョウをどこかから購入してきて放流したという情報があることが分かりました。つまり外来集団ということになります。

遺伝子の特徴と西表島における経緯についてはさっそく論文にまとめて、2011年7月に専門誌に投稿、8月に受理されました。論文の出版は2012年5月と決まりました（鹿野ほか　2012）。ところが、それよりも早く2011年の12月に、ドジョウの研究者である清水孝昭さん（愛媛県農林水産研究所 水産研究センター）らの研究グループにより、西表島のこのドジョウを「ドジョウ属の1種（西表島集団）*Misgurnus* sp. IR」として報告した論文が出版されてしまったのです（清水ほか　2011）。

研究の世界では時折あることですが、それにしてもタイミングが悪く、少しの差で世界で初めてそのドジョウを報告するという夢は潰えてしまいました。がっかりしましたが、清水さんらは分類までは行なわないということだったので、この種の学名を決定することを目標にして研究を進めることにしました。ひとまずこの種については、

2017年に出版した『日本のドジョウ 形態・生態・文化と図鑑』(山と溪谷社)において、いくつかの形態的特徴に基づいて定義を行ない、学名未決定のまま「シノビドジョウ」という標準和名を提案しました。

奄美群島でのドジョウ探し

この「ドジョウではないドジョウ」改め「シノビドジョウ」は、西表島では人為移入の可能性が高いことは調べたとおりです。それでは原産地はどこなのか?

同じものを私は沖永良部島で採集しています。沖永良部島が属す奄美群島は喜界島、奄美大島、徳之島、沖永良部島を主要な構成要素とします。奄美群島を含む中琉球地域は大陸からもっとも初期に切り離されたことから、アマミヨコミゾドロムシやアマミハババビロドロムシ、オットンガエル、ルリカケス、アマミノクロウサギなど圧倒的に個性的な固有種の宝庫です。そうした点からも固有のドジョウがいるとして矛盾はありません。つまり「シノビドジョウ」は、奄美群島に固有のドジョウである可能性が高いと言えます。そこでまずは博物館に所蔵されている奄美群島産のドジョウ標本を調べてみました。

すると、喜界島からは1930年代に、奄美大島からは1970年代に、沖永良部島からは1960年代に採集された標本が残っていることが分かりました。また、1937年に発表された論文に徳之島産のドジョウが報告されていることも分かりました。さらに博物学者の盛口満さんから、『南島雑話』という1850年代に奄美大島に滞在した薩摩藩士が記録した書物にも、「デコミ」

という名前でドジョウが記録されていることを教えてもらいました。これらのことから、奄美群島にはドジョウの仲間が自然分布していた可能性が高いことが分かります。次は現地調査です。

水生昆虫を専門にする東海大学の北野忠さんから、徳之島では最近も採れている場所があることを教えてもらいました。そこで2016年7月と2019年11月に調査を行ないました。徳之島は大きなハブが多い島としても知られています。ドジョウは池の周りや奥にある浅い湿地にいるので、陸から行くとハブの多そうな藪を通っていかなくてはいけません。そこでドライスーツを着込んで池を泳いで渡って採集を行なうことにしました。

池の真ん中はハブもおらず安全です。南西諸島の蒸し暑い空気の中、ひんやりとしたため池で泳ぐのは楽しいものでした。がんばって探し、徳之島では2か所の池で採集できました。これらの個体は形態も遺伝子の特徴も「シノビドジョウ」と一致していました。

次に、喜界島です。横須賀市自然・人文博物館には、1930年代に採集された1個体が残されていました。2018年10月、生きものに詳しい町役場の富充弘さんと一緒にため池や水路を回りました。富さんがいると地元の人に聞き取りができ、1970年代くらいまではドジョウがいたとか、食べていたとかいう話を聞くことができました。しかし、そうした場所の多くは水田からサトウキビ畑に変化しており、既にドジョウは見られなくなっていました。人知れず絶滅したのでしょうか。残念です。

最後に奄美大島です。国立科学博物館には1970年に宇検村、1975年に住用村で採集され

1 西表島における生息地。休耕田のわきの植物が生い茂った水路。一見すると水がない。
2 徳之島における生息地。陸と池の境界には植物豊富な良好なエコトーンがあり、いかにもドジョウ類の好む環境となっている。

トラップを仕掛けたものの、不発に終わった時の様子。（鹿野雄一撮影）

池の真ん中を泳いで対岸の湿地帯を目指す。ハブ対策としても万全の必勝の方法。（鹿野雄一撮影）

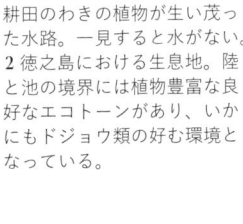

た標本が残されていました。また、龍郷町と大和村の2か所に最近もドジョウがいるという情報を得ました。そのうちの龍郷町の個体を先に入手して調べたところ、これは中国大陸由来の外来ドジョウでした。そこで2019年10月に大和村のドジョウを探しに行き、捕まえることができましたが、残念ながら見るからに外来ドジョウの特徴を備えており、遺伝子を調べても同様でした。

奄美大島内を広く探し回りましたが、在来のドジョウを見つけることはできませんでした。調査の途中で会った島の人からは、かつては水田にドジョウがたくさんいたことを教えてもらいました。また、龍郷町と大和村のドジョウについては、どこかから買ってきた個体を最近に放流したという情報があることも分かりました。

以上の調査で現状把握は十分と判断し、以後は博物館の古い標本と、自ら採集した標本に基づいて、いよいよ分類学的研究を進めていきます。

記載論文とタイプ標本との形態比較

分類には形態での違いが重要です。遺伝子がいくら違うといっても、形態で区別できなくては新種として記載できません。まずは自ら採集した徳之島産、沖永良部島産、西表島産の標本をよく観察してみます。一部は飼育して、生きたままの観察もしてみました。やはり本土のドジョウとはまったく違い、かっこよくて時間を忘れそうです。

これをドジョウと同種とするのは無理があります。具体的には背鰭の最終軟条が、通常のドジョウは根本から分岐していて長いのですが、奄美群島や西表島の「シノビドジョウ」は分岐しておらず短いことが分かりました。また、オス成魚の胸鰭の骨質盤という特殊な骨の形も独特であることが分かりました。これらの特徴は、博物館に保管されていた古い時代に採集された喜界島、奄美大島、沖永良部島のものも同様でした。

形態が異なり、いくつかの遺伝子の特徴も異なる、つまり「ドジョウではない」ということは明白です。しかし分類学はここからが本番です。

新種であることを証明するには、これまでに新種として記載されたすべてのドジョウ類と比較して、そのどれとも区別ができるということを証明しなくてはいけません。ドジョウ *Misgurnus anguillicaudatus* は1842年に中国の舟山島で採集された標本に基づいて記載されています。その後、中国大陸や日本列島からは多くのドジョウ類が新種として記載されていますが、その多くは現在シノニム（＝ドジョウと同じ種）［▼P216］として処理されています。

ありがたいことに、スイスの魚類学者であるMaurice Kottelat博士がドジョウのシノニムリストを整理して、論文にしてくれています（Kottelat 2012）。このリストを参考にすると、シノニムの数は32種あるようです。軽く絶望しそうになりましたが、まずはその記載論文をすべて集めました。極めて簡潔な記載文もありましたが、それらの特徴はシノビドジョウとは一致しないようです。

また、かつて南西諸島から新種として記載されたドジョウはいないことが分かりました。さらにありがたいことに、中国大陸産のドジョウについては詳細な遺伝的特徴とそれらの分布を報告した論文がいくつか出版され、それらによるとやはり、シノビドジョウと同一の遺伝的特徴を持つドジョウは中国大陸には分布しないようです。

そこで、中国産の本物のドジョウに加えて、日本列島と台湾から記載されたドジョウ類のタイプ標本［▶P216］の写真とエックス線写真を取り寄せて、比較検討することにしました。これらのタイプ標本はイギリスのロンドン自然史博物館、オランダのナチュラリス自然史博物館、スウェーデンのスウェーデン王立自然史博物館に所蔵されています。電子メールにて問い合わせたところ、キュレーターの方が写真データを送ってくれました。21世紀は素晴らしいと感じました。

すべてのドジョウの記載論文、主要なドジョウのタイプ標本の検討から、この「シノビドジョウ」は未記載種［▶P217］であると判断しました。形態的に一致するドジョウは過去に知られていなかったのです。仕事の合間にコツコツと新種記載論文にまとめ、動物分類学の専門誌である*Zootaxa*誌に投稿しました。専門の査読者による指摘に対応し、修正を繰り返し、2022年7月、ついに新種シノビドジョウ *Misgurnus amamianus* が誕生しました。2010年にその存在に気づいてから、実に12年の時が流れていました。

分類と保全

シノビドジョウという和名は「ドジョウに紛れて人目を忍んでいたこと」と「物陰に隠れて忍ぶ性質が強いこと」の2つの意味から名付けました。また、学名の「*amamianus*」は本種の自然分布域と思われる「奄美群島」に因みました。

新種記載してそれで終わり、という考え方もありますが、その調査の過程でシノビドジョウの厳しい状況を知ってしまいました。奄美大島や喜界

徳之島で採集したシノビドジョウ。この写真では眼から吻端に伸びる縦条が明瞭であることや、紫色がかった頬などの特徴が確認できる。

身に纏うオーラがやはりドジョウとは違うのだ!!

福岡県産ドジョウ（1）と沖永良部島産シノビドジョウ（2）の比較。特に背鰭や尾鰭の形態に違いがある。

奄美大島での調査で得られた外来ドジョウ。見た目は完全にヒョウモンドジョウ。また、遺伝子の特徴は中国大陸産のドジョウと同じで、交雑した養殖個体が放流されたものと思われる。

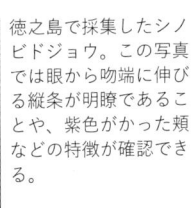

島ではおそらくすでに絶滅しており、沖永良部島の生息地のため池も2021年春に改修されて厳しい状況のようです。つまり、確実な生息地は徳之島の2か所と西表島の1か所ということになります。

新種として記載した生物が、私が生きている間に絶滅するという悲しいことがあってはなりません。そのことを知ってしまった責任上、このシノビドジョウが絶滅しないよう、地元の保全団体や行政と協力して、その保全を進めていきたいと考えています。正式な名前がついたことが、本種の保全の後押しになることを期待しています。

分類学は生物学の基盤であるとともに、生物多様性の保全にも直結しています。日本産ドジョウ科の中には、形態的・遺伝的に区別ができるものの、まだ学名が決定していない種類が残っています。一部の種では異種間交雑を繰り返した特殊な進化を行ってきたことが知られており、一般的な生物分類の考え方では非常に整理の難しいグループですが、少しでも妥当な分類体系を構築していくとともに、その保全にも繋げていければと考えています。ドジョウの泥沼でもがく日々はまだしばらく続きそうです。

中島淳（なかじま・じゅん）　1977年、静岡県生まれ、東京都出身。九州大学大学院生物資源環境科学府博士後期課程修了。博士（農学）。日本学術振興会特別研究員（九州大学工学研究院）を経て、現在は福岡県保健環境研究所専門研究員。専門は淡水魚類や水生昆虫類を対象とした自然史研究。2015年度日本魚類学会奨励賞受賞。

記載論文

Nakajima, J. & Hashiguchi, Y. (2022) A new species of the genus *Misgurnus* (Cypriniformes, Cobitidae) from Ryukyu Islands, Japan. *Zootaxa*, 5162: 525-540.

chapter

3

こんなところで発見!?

新種は自然の中だけでなく、
博物館の展示や過去に採集された標本、
SNSに投稿された写真など、思いがけないきっかけで
発見されることも少なくありません。
ここでは「こんなところで!?」と
誰もが驚くエピソードを集めました。

13

60年越しの卵のバトン

後生動物 脊椎動物門 脊椎動物亜門 爬虫綱

— ムルティフィスウーリトゥス・シモノセキエンシス —

Multifissoolithus shimonosekiensis

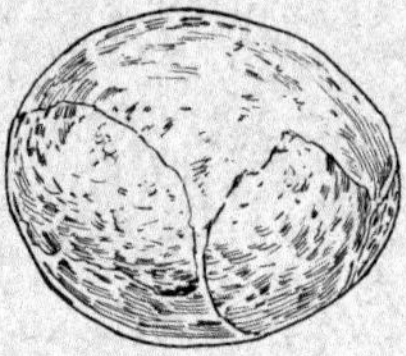

中国と韓国にも
仲間が暮らしていました

発見した人｜今井拓哉｜福井県立大学 恐竜学研究所

「恐竜の卵」の分類事情

「恐竜の卵の新種［▼P217］」……これを読んでいるあなたは、首を傾げるかもしれません。卵は生きものではないのに、新種になるの？　と。

恐竜の卵が新種とされる理由は、「恐竜などの化石動物では、卵の殻だけが見つかる例がほとんどだから」です。

分類学上、卵は親の体の一部とされるので、例えばニワトリの卵はニワトリ *Gallus gallus* です。新しい動物が見つかれば、新種として学名がつけられるのは卵の親であって、卵は親と同じ学名になるわけです。

ところが化石の場合、卵の親が判明することはほとんどありません。この場合、「卵の学名は親の学名に倣う」というルールが適用できなくなります。

しかし、新しい動物の化石には学名をつけて分類を行なわなければ、大混乱が起きてしまいます。そこで、恐竜の卵そのものにも、学名がつけられるようになったのです。

とは言え、恐竜の卵でも稀に親の種が判明することがあり、そのような場合には学名を親と一致させなくてはなりません。しかし、もし卵にも学名が独立して存在したら、親の学名と卵の学名のどちらを優先させるのかという問題が起きてしまいます。

この問題を解決するため、恐竜などの化石の卵に与えられる分類は、「擬似分類（parataxonomy）」と呼ばれる少し特殊なものになっています。これは、「親の種に関わらない、形の特徴に基づいた分類」です。この擬似分類による学名は、親に与えられる学名と共存することができます。

例えば、かつてある恐竜の卵が新種として記載された際に、プリズマトウーリトゥス・レビス *Prismatoolithus levis* という擬似分類における学名が与えられました。しかし、のちにその卵がトロオドン・フォルモスス *Troodon formosus* という恐竜のものであると判明しました。今ではこの卵はトロオドン・フォルモススであり、そして卵種プリズマトウーリトゥス・レヴィスでもあるのです。

ちなみに、通常の分類と区別するため、卵化石に対しては科・属・種の代わりに、卵科・卵属・卵種という言葉を使うことも決まっています。

ところで、ここまでの文章を読んでいただければばお分かりのとおり、私は恐竜などの卵化石の研究が専門の研究者です。私の勤務地である福井県は、日本でもっとも恐竜化石が発掘される場所として知られています。恐竜化石は県内の約1億2千万年前（前期白亜紀）の地層から発見されるのですが、その地層からは恐竜の卵化石も発掘されるのです。

私は福井県の化石を中心に、日本各地や東アジアの前期白亜紀の恐竜卵化石に注目しています。アジア大陸各地では、これまでも数百点以上の恐竜卵化石が発見されてきました。ところが、そのほとんどは後期白亜紀(約8千～6千6百万年前)の地層から見つかったもので、より古い時代の恐竜卵化石のことはほとんど知られていませんでした。

日本では大陸側ほどたくさんの恐竜卵化石は見つかりませんが、そのすべてが前期白亜紀産のものであり、当時の恐竜の繁殖を理解する上では世界的にも貴重な記録と言えます。そして、これからお話しする本章の主役である卵化石も、非常に重要な前期白亜紀における恐竜の繁殖の記録の1つなのです。

休日の夜、飛び込んできたのは……

前置きが長くなりましたが、ここから新卵種の恐竜卵、ムルティフィスウーリトゥス・シモノセキエンシス *Multifissoolithus shimonosekiensis* の発見のお話を始めましょう。この卵の発見には、60年越しの研究者たちによる奇跡の連携プレイと、1人の地元高校生の遺物に対する情熱が不可欠でした。

この卵の化石が私の元に初めて持ち込まれたのは、2016年の冬。当時、私は福井県立恐竜博物館の研究職員でしたが、その日は日曜の夕方で、家で休みを満喫していました。

するとそこに、出張中だったはずの博物館の先輩から「見せたい化石があるので家に行きたい」という電話がありました。急な相談に若干困惑しながらも、「構わないですよ」とお返事をして待っていると、先輩は夕飯時くらいに出張先から我が家に乗りつけてきました。

そして大した説明もなく、まずは見てほしいと、手のひらに収まるくらいのブロック状のものを取り出しました。そして、「山口県の人が昔採取したものを預かってきたのだけど、これは卵化石?」とストレートに尋ねてきたのです。

この時、私は非常に混乱しました。卵化石か？と問われればほぼ一瞬で、そうだろうと判別がつきました。大きさ、形、化石化した卵の殻の断面……間違いなく恐竜の卵だろうという、確信のようなものもありました。

一方で、目の前のそれが日本国内から産出したものだとは、すぐには信じられませんでした。それは私が日本国内で見たこともないタイプの卵化石であり、しかも手のひら大のかけらがいくつもある、というこれまで類を見ない良好な保存状態だったからです。

日本には1990年代に中国産の恐竜卵化石が数多く出回ったことがあり、そのようなものを見ているのかとも思いましたが、私が知っている中国産の卵化石とも、卵化石や周囲の堆積物の色が明らかに違います。

つまり、日曜の夜、自宅にいる私の鼻先に、未知の恐竜の卵化石、もしかしたら国産かも知れないものがゴロっと転がり込んできたのです。

私はかなり食い気味に、この化石がどこで発見されたもので、誰が所有していて、どういった経緯でここに来たのかを先輩に尋ねました。そこで先輩が語ったのは、驚きのストーリーでした。

数々の偶然が繋いだ卵のバトン

なんと、卵化石は1965年に山口県下関市で採取されたものだというのです。

発見者は当時地元の高校生で、これを奇妙な石として、自宅にしまい込んでいたとのことでした。そして約50年後、自宅の整理中にたまたまこの石を再発見し、山口県美祢市で、これもたまたま文化財保護の仕事をしていた親戚に鑑定を依頼しました。

その親戚の方は考古学が専門だったため、美祢市化石館にて化石を担当していた同僚職員に問い合わせましたが、「卵化石かもしれない」という程度までしか分かりませんでした。そこに登場するのが、日曜日に私の自宅に駆け込んできた件の先輩です。

先輩は美祢市化石館で化石の共同研究をずっと行なっていました。その縁から、「卵化石かもしれない石」の相談を美祢市化石館で受け、卵化石を専門とする私に化石を見せてくれた……というわけでした。

50年以上前に下関市で高校生に採取された卵化石が、その親戚の手から、化石を担当する美祢市職員の手へと渡り、さらに恐竜博物館の研究職員

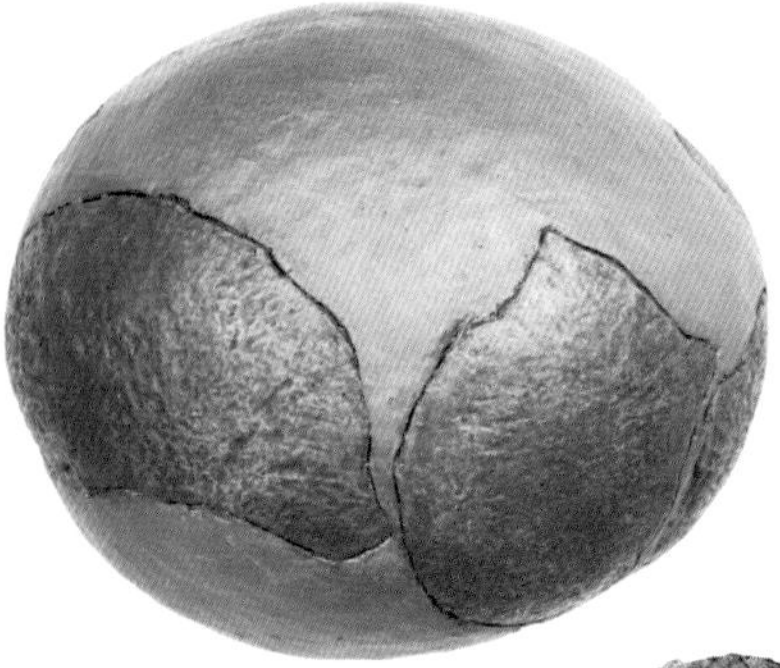

ムルティフィスウーリトゥス・シモノセキエンシスの復元模型。黒っぽい部分は実物が発見されている部位（下関市立考古博物館蔵）。

推定される
直径は
10㎝くらい

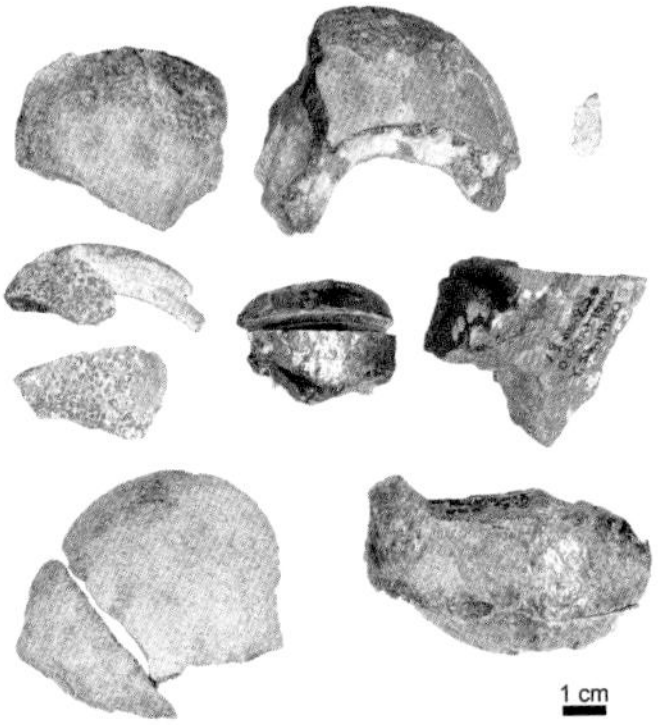

ムルティフィスウーリトゥス・シモノセキエンシスの実物化石（下関市立考古博物館蔵）。

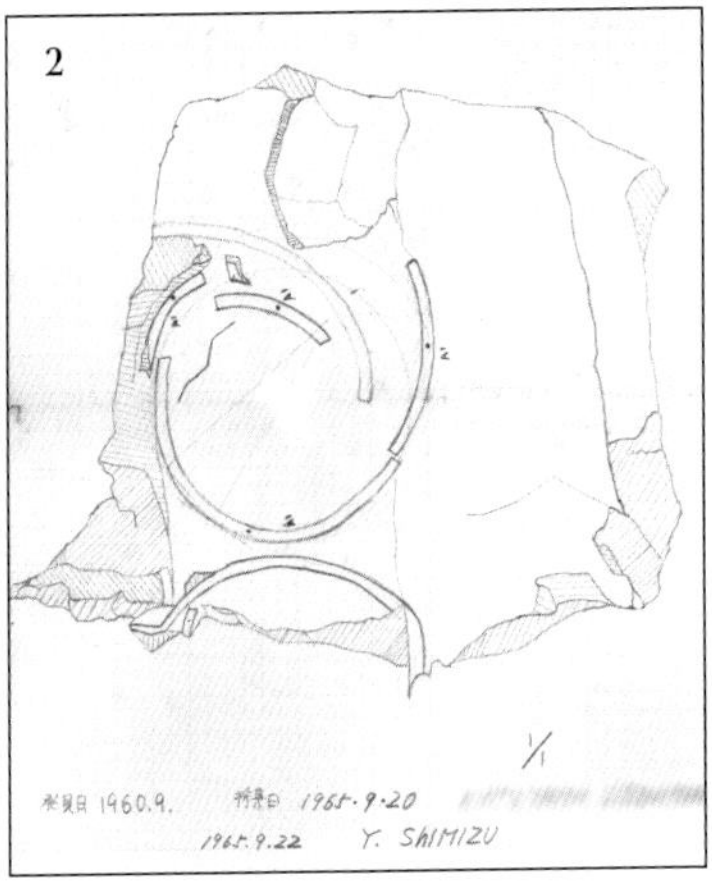

ムルティフィスウーリトゥス・シモノセキエンシスの採取当時の写真(1)とスケッチ(2)。写真撮影・スケッチ制作ともに清水好晴氏によるもの（下関市立考古博物館蔵）。

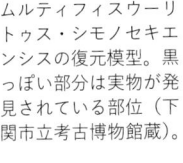

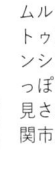

に託され、最終的に卵化石を研究する私のところに辿り着くという、奇跡の「卵化石バトン」となったのです。

卵化石の正体は？

さて、早速この卵化石が新種かどうかを調べたいところでしたが、その前に1つやらなければならないことがありました。この化石が下関市のどこで発見され、いつの時代のものなのかを特定する作業です。

幸いなことに、発見者である清水好晴氏は快く私を含む調査チームを卵化石の採取地まで案内してくださいました。そして、私たちは化石が下関市を流れる綾羅木《あやらぎ》川に見られる地層から発見されたことや、その地層が約1億2千万〜1億年前のもの（関門層群下関亜層群）であることを確認することができました。

さらに、清水氏は採取当時の卵化石の写真と記録スケッチを残されており、卵化石が確かに当時の下関市で発見されたという確実な証拠も得られました。

当時高校生だった清水氏は、趣味で考古調査に通っており、採取記録をとることが習慣になっていたそうです。そのため、これらの写真とスケッチを残されたとのことでした。

もし清水氏が、下関市内で当時考古学を愛好されていなかったら、卵化石は氏の興味を引かずに埋まったままだったかもしれません。そして仮に採取されていても、50年以上にわたって保管された上に、写真と記録スケッチが残ることはなかったでしょう。下関市の高校生の遺物に対する情熱が、新種の恐竜卵化石発見のきっかけになっていたのでした。

卵化石の採取場所と時代を特定できれば、あとは私の慣れ親しんだ研究です。卵化石の分類では、化石となって残された殻の形状や微細構造が重要になります。

卵の形状、卵殻表面の凹凸の有無や形状、気孔と呼ばれる卵殻表面に空いた直径0・1ミリメートルほどの穴の形状、そして卵殻を構成する炭酸カルシウム結晶の作りを、電子顕微鏡（電子線を試料に当て、拡大して観察する顕微鏡）などを用いて観察するのです。

下関市で発見された卵化石は、全体の形状はやや楕円体で、卵殻表面に凹凸はなく、恐竜類に一般的な卵殻の炭酸カルシウム結晶構造を持っていました。しかし奇妙なことに、通常の恐竜類の卵殻では円筒形の管である気孔（空気の出入りが可能な小さな穴）が、この卵化石では横長の溝のようになっていて、その溝が一方向に並び、卵殻内で網目状に広がっていました。このような特徴を持つ卵化石はこれまで見たことがなく、最初は卵の奇形かと思ったほどです。

しかし、こういった特徴が卵全体に広がっていることから、この特徴はこの種の特有のものであり、この卵化石が新卵種であるという確証を持ちました。

中国で見つかった類似の卵化石

さて、いよいよ新種として記載しようという2019年初頭、驚きの論文が発表されました。中国南東部の浙江省《せっこうしょう》から見つかった卵化石に、網目状かつ横長の気孔が一方向に並ぶという、下関市の卵化石と完全に同じ特徴が見つかったのです。私たちが下関市の卵化石を研究している最中、中国でも同じ特徴を持った卵化石が記載されたのでした。

その論文では、卵化石の特徴に基づき、ムルティフィスウーリトゥス卵属という新卵属を設け、浙江省産の卵化石にムルティフィスウートゥス・チアネンシス *Multifissoolithus chianensis* という学名がつけられました。

一方、私たち研究チームは急遽この浙江省産の卵化石の特徴を調べ、下関市の卵化石とまったく同じものかどうかを精査しました。

その結果、気孔の大きさや卵殻の結晶構造に違いがあることが分かり、下関市の卵化石はムルティフィスウーリトゥス卵属の新卵種であると結論づけました。私たちは書きかけの原稿を大幅に修正し、新たにムルティフィスウーリトゥス・シモノセキエンシス *Multifissoolithus shimonosekiensis* として新卵種記載の論文を投稿しました。

この原稿大幅修正の事態には、私も神経をすり減らしましたが、非常に面白い事実も分かりました。新たに記載されたムルティフィスウーリトゥス属の情報を追っているうちに、同様の特徴を持つ卵化石が、韓国西部の京畿道《けいきどう》からも発見されていたことが判明したのです。

さらに、ムルティフィスウーリトゥス・シモノセキエンシスも、浙江省の卵化石も、京畿道の卵化石も、すべて1億2千万〜1億年前の地層から産出したということも判明しました。「網目状で一方向に並ぶ気孔網」という珍しい特徴を持つ卵化石が、東アジアの限られた地域・時代からのみ

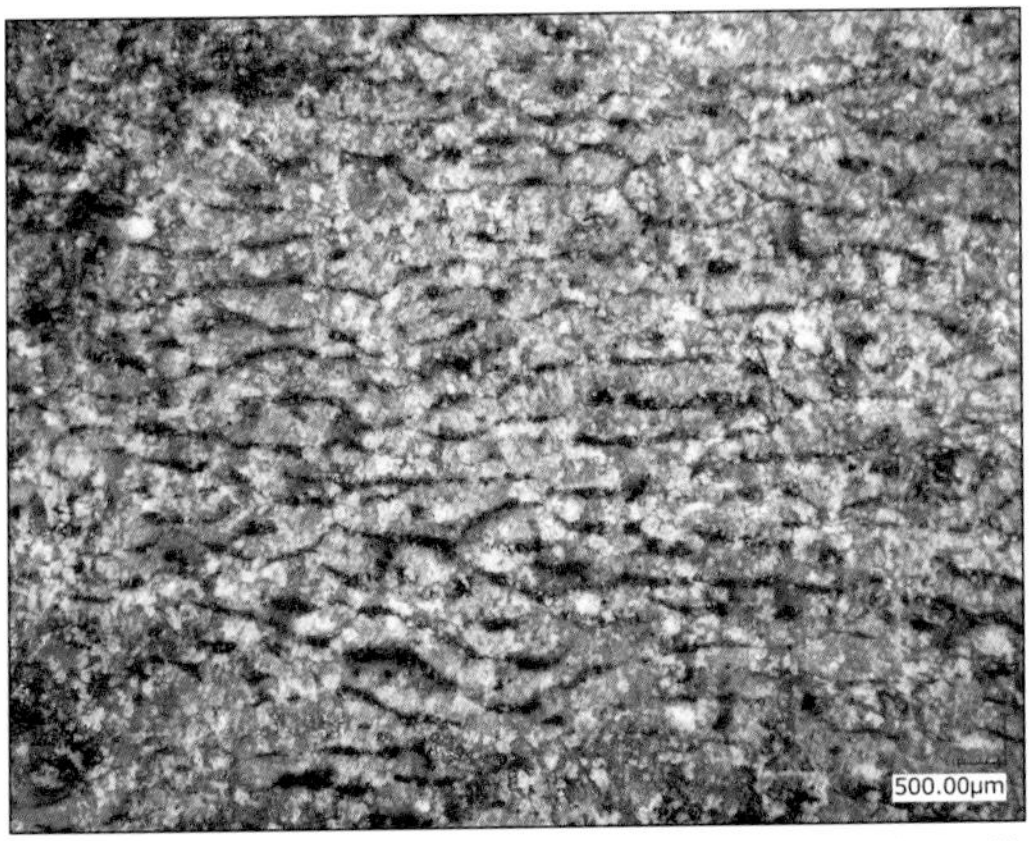

ムルティフィスウーリトゥス・シモノセキエンシスの表面の拡大写真。一定方向に沿って横長の溝状となった気孔がある。

採取された山口県下関市綾羅木川上流部（写真は下関市立考古博物館蔵）。

海辺の岩石は
滑りやすくて
危険です！

下関市の海岸に露出する関門層群下関亜層群（写真中では、赤茶色と灰白色の縞模様の岩石がそれにあたる）。

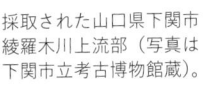

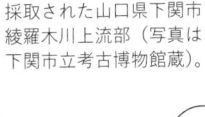

見つかったことになります。

実は、この時代には日本海は存在せず、下関市とこれら中国と韓国の2地域は陸続きでした。このことから、これらの卵は同じ、もしくは近い種類の恐竜によって産み落とされた可能性が高いと言えます。下関市の卵化石が新卵種だったことに加え、東アジア地域の卵化石の（そして卵を産んでいた恐竜の）共通性を明らかにできたことは、今回の研究の大きな成果でした。

ムルティフィスウーリトゥス・シモノセキエンシスの新種記載とその意義を論じた論文は、2020年に英国の国際学術雑誌 *Historical Biology* に発表されました。

今ではこの卵化石は、世界的にも貴重な恐竜卵化石としてはもちろんのこと、下関市の過去の姿を伝える貴重な資料として、地元の下関市立考古博物館にて展示されています。

奇跡と情熱が重なって明らかになった、「1億年以上昔の下関市では、恐竜が卵を産み、子孫を残していた」という事実によって、地元からさらなる古生物・考古ファンが生まれ、新たな化石の発見に繋がれば、化石研究者としてこれほど嬉しいことはありません。

今井拓哉（いまい・たくや）1987年、東京都生まれ。博士（理学）。福井県立大学恐竜学研究所助教／福井県立恐竜博物館研究員。専門は恐竜の繁殖、恐竜時代の鳥類の分類で、特に国内の前期白亜紀の陸の地層に注目して研究を行なっている。近年ではデジタル技術を活用した教育・普及活動や民間企業との連携にも取り組み、㈱地球科学可視化技術研究所（茨城県つくば市）恐竜技術研究ラボ客員研究員や、㈱恐竜総研（福井県永平寺町）技術部長を務める。

記載論文
Imai, T., Azuma, Y. & Yukawa, H. (2020). New Early Cretaceous dinosaurian eggshell *Multifissoolithus shimonosekiensis* (Dinosauria, Dongyangoolithidae) from the Lower Cretaceous of Shimonoseki, Yamaguchi, Southwestern Japan. *Historical Biology*, 33(9): 1760–1766.

14

後輩に手渡されたエレガントな化石

後生動物 冠輪動物上門
軟体動物門 頭足綱 アンモナイト亜綱

— エゾセラス・エレガンス —

Yezoceras elegans

巻き方が特殊な
異常巻アンモナイトです

発見した人 | 相場大佑 三笠市立博物館

アンモナイトとは？

アンモナイトは自然史博物館でよく展示されており、理科の教科書にも登場するので、化石の中でも有名な生きものかもしれません。アンモナイトの渦巻き状の殻は、一見すると巻貝（腹足類）に似ていますが、実はイカやタコなどと同じ頭足類の仲間です。

巻貝と顕著に異なるのが殻内部の作りで、アンモナイトの殻内部は縁が独特に曲がった多数の隔壁により仕切られ、それらを一本の連室細管という管が貫いています。仕切られた殻内部にはガスが詰まっていて、浮力器官として機能していたと推測されています。約4億年前の古生代デボン紀から約6600万年前の中生代白亜紀末まで、世界各地で生きていて、これまでに2万種近くの化石が見つかっていますが、軟体部、つまりアンモナイトの本体についてはあまりよく分かっていません。

日本でも各地でアンモナイトの化石が見つかります。中でも量・質ともにピカイチなのが北海道です。北海道の中生代白亜紀の地層から見つかるアンモナイトには、大きな特徴があります。普通のアンモナイトとは少し変わった巻き方をした殻を持つ「異常巻アンモナイト」が、外国と比べて多く見つかるのです。

バネのような形、棒のような形、楽器のサックスのような形……。その殻の形は極めて多様です。僕は大学院生の時から、異常巻アンモナイトがどんな進化を経てこれほど不思議な形になったのかを知りたくて、研究を続けてきました。

新種アンモナイトとの出会い

2018年1月のことです。僕は北海道の三笠市立博物館で研究員をしていますが、その日は、非常勤での講義のために母校の横浜国立大学に来ていました。講義の前に研究室に行くと、修士課程2年生の岩崎哲郎くんに声をかけられました。修士論文の研究で集めた北海道のアンモナイト化石の中に、どうしても同定できないものがあるので見てほしいと言います。彼は直径2センチメートルほどの、小さな化石を2つ僕に渡しました。

ゆるく巻いたバネのような螺旋塔状の殻に、2つの突起列が連続的に見えます。僕は一目見て、それがノストセラス科の異常巻アンモナイト、エゾセラス属 *Yezoceras* の新種［▼P217］であると分かりました。

エゾセラスは、その名のとおり北海道で発見され、1977年に九州大学の松本達郎先生により設立された属で、これまで2種が知られていました。殻がきつく巻き、〝チョココルネ〟のような形をしたノドサム *Y. nodosum*、殻が引き伸ばされ、〝ツイストドーナツ〟のような形をしたミオチューバキュラータム *Y. miotuberculatum* です。

しかし、目の前の化石の、大回りに螺旋を描き緩やかに巻いた殻は、どちらの形とも違っていました。「これは未記載種［▼P217］だと思う」と言うと、岩崎くんはとても驚いていました。彼はその年の春に大学院を修了する予定で、自身で詳しく研究するつもりはないということだったので、それらの化石は預かり、僕のほうで研究を進めることになりました。

採集とクリーニング作業

新種を報告する論文をすぐに執筆したいところでしたが、岩崎くんが見つけた2標本だけでの記載は難しい事情がありました。それは、これまでに見つかっているエゾセラス属種の標本の殻サイズから判断するに、彼が見つけた標本はおそらく幼殻であり、これが成長したらどのような姿になるかが分からなかったためです。僕は同僚の唐沢興希さんと共に、成年殻の標本を探すことにしました。

僕のそれまでのフィールドワークの経験上、エゾセラス属はどこからでもたくさん出てくる多産種ではないものの、限られた地層からはそれなりに密集して見つかる傾向があることを感じていました。なので、岩崎くんが採集した地層から3個体目が見つかることは、十分に期待できます。2018年の8月、産出地点が示された地図を片手に、北海道羽幌町の山奥にある地層に向かいました。

フィールドワークの成果は上々でした。その地層からは、最初の標本よりも成長が進んだ個体を3つも採集することができたのです。また、少し離れた場所にある同時代の地層を調査したところ、さらに2個体が得られました。これらの標本から、大回りに螺旋を描き緩やかに巻いた形が、成長を通して続いているということが分かりました。

さらに、博物館に戻り、常設展示の標本を眺めていたら、ノドサムとして展示されていた標本のうち1つが、実はノドサムではなく、今回の新種であるということに気がつきました。30年以上も前から博物館で展示され、図鑑や写真集などにも図示されている、それなりに有名な標本でしたが、その分類に疑問を持った人はこれまでいなかったようです。新種の標本は全部で8個体になりました。

化石は採集した時点では、一部が硬い岩石に埋まっていたり、周りに余分な岩石がついていたりして、殻の特徴が完全には見えないことがほとんどです。しかし、もしかしたら、隠れている部分に何か重要な特徴があるかもしれません。そのため、余分な岩石はできるだけ取り除き、化石だけを丸裸にする工程として、クリーニング作業を行ないます。

正常巻のアンモナイトに比べて、複雑な形をした異常巻アンモナイトのクリーニング作業の難易度は高めです。例えば、今回の新種は、少しだけ伸びたバネのような形をしており、そのバネの〝芯〟を硬い岩石が埋めています。普通にやっては芯の岩石に針やタガネの先端が物理的に届かず、その部分の岩石を砕くことができません。では、どうするか。

実は、殻を一度バラバラに分解してしまいます。そして、パーツごとにクリーニングをして余分な岩石を取り除き、それらを最後に瞬間接着剤でくっつけるのです。バラバラにしても、パーツさえ残しておけば元の状態に復元することができますので大丈夫です。

そのようにして、8個体すべてを丸裸にしました。クリーニング作業できれいになった化石の写真を岩崎くんに見せると、「綺麗にクリーニングされて、きっと化石が喜んでいる」と言ったのが印象的でした。

タイプ標本との比較

2018年の10月頃、論文の執筆を始めました。記載論文で一番重要なのは、どこにいた、どんな形をした生物であるか、ということを標本の写真やスケッチと共に、文章で丁寧に記述することだと思います。そして、もしも新種として報告するなら、これまでの種と、どこが、どれだけ異なっているのかを客観的に示すことが大切です。

エゾセラス属の既知種［▼P217］が記載されている論文の標本写真と比較するだけでも、新種との違いは十分に説明できそうでしたが、念には念を入れて、国立科学博物館と九州大学総合研究博物館に保管されているタイプ標本［▼P216］を見に行くことにしました。実物を自分の目で見るべし、というのは、尊敬する研究者からの教えでし

岩崎くんから預かった最初の2個体。

その後発見した個体を分割してクリーニングしている様子。

いずれも
日本付近だけに
生息していた

エゾセラス・エレガンスを採集した地層。

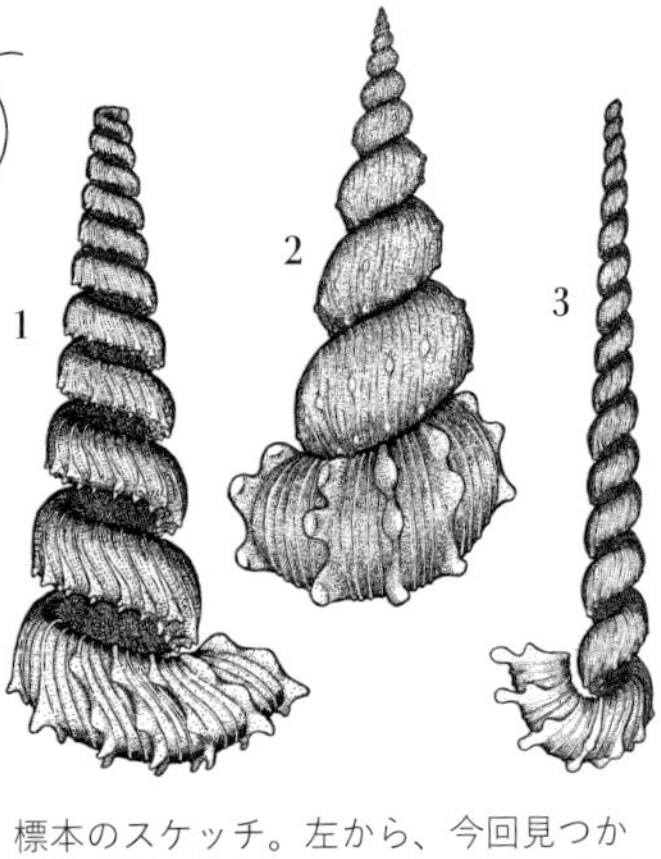

標本のスケッチ。左から、今回見つかった新種エゾセラス・エレガンス(1)、エゾセラス・ノドサム(2)、エゾセラス・ミオチューバキュラータム(3)。

た。

2019年4月、私は筑波と福岡をハシゴして、標本を見に博物館を訪れました。2種のホロタイプ [▼P216] を確認し、今回の新種とは確実に異なるということを確信できた以上の収穫がありました。九大博に保管されていたノドサムのパラタイプ [▼P216] のうちの1つが、新種と同じ特徴を有していたのです。

その標本は化石本体ではなく、化石がついていた岩石の型（雌型と呼ばれる）でした。おそらく化石本体は風化により失われてしまったのでしょう。化石ではよくあることで、ルール上、化石本体でなくてもタイプ標本に指定することができます。

雌型の状態では分かりづらかったのですが、シリコンを押し当てて作った立体的な化石のレプリカを見ると、新種と同じ、緩く大回りに巻いた形であることが分かりました。実物の標本を直接見るということの重要性を、身をもって実感した瞬間です。今回の論文でこの標本の同定を見直し、新種に再同定して図示することにしました。

新種の発見から分かった進化

新種には *elegans* という種小名を与え、エゾセラス・エレガンス *Yezoceras elegans* と命名しました。クリーニング作業をしながら、とっても優雅な形をしているなぁと、うっとりしてしまったためです。

この発見により、エゾセラスの進化が少しだけ分かりました。既知の2種を含めたエゾセラス3種を出現順に並べてみると、古いものからノドサム、エレガンス、ミオチューバキュラータムとなります。このことから、エレガンスはノドサムから派生した可能性が考えられました。

エゾセラス属やその近縁属はこれまで海外では見つかっていないので、この種分化［▼P218］は、ごく短期間のうちに現在の北海道付近で起きたのかもしれません。北海道から見つかる同時代の異常巻アンモナイトには、この地域内からしか見つかっていない固有種［▼P217］が多く知られていますが、エゾセラス属も同様に、この地域に固有で、地域内で独自に進化したようです。一方で、正常巻のアンモナイトには、産出地域が限定的でないものが多くいます。なぜ、異常巻には固有種が多く、正常巻には固有でないものが多いのか。その謎はこれからの研究で明らかにしていきたいと思っています。

唐沢さんと岩崎くんと共に書き上げた *Y. elegans* の記載論文は、2019年11月に日本古生物学会が発行する欧文誌、*Paleontological Research* に受理され、2021年1月に出版されました。新種 *Y. elegans* の標本は、白亜紀の海中を優雅に泳いでいる復元画と共に三笠市立博物館で展示され、常設展示の新しい見どころの1つとなりました。

相場大佑（あいば・だいすけ）　1989年、東京都生まれ。2017年横浜国立大学大学院修了、博士（学術）。2015年より三笠市立博物館に勤務（現在、主任研究員）。専門は古生物学。特に、中生代アンモナイトの分類・生態・進化の研究をしている。

記載論文
Aiba, D., Karasawa, T. & Iwasaki, T. (2021). A new species of *Yezoceras* (Ammonoidea, Nostoceratidae) from the Coniacian in the northwestern Pacific realm. *Paleontological Research*, 25(1):1–10.

15

大掃除中、標本箱から発見！

後生動物 節足動物門 昆虫綱

― ニセコウベツブゲンゴロウ ―

Laccophilus yoshitomii

― ヒラサワツブゲンゴロウ ―

Laccophilus hebusuensis

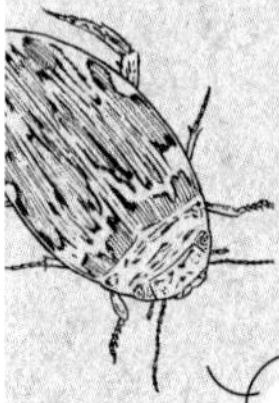

ため池や湿地に
棲んでいます

発見した人 ｜ 渡部晃平 石川県ふれあい昆虫館

違和感を覚えた少し大きな標本

私は石川県ふれあい昆虫館で学芸員をしています。生体展示をしている博物館ですから、最も大切な仕事は担当種の維持、すなわち飼育です。私の担当種は水生昆虫の仲間。ゲンゴロウ、タガメ、アメンボやミズスマシなど計10種を通年展示できるように、累代飼育（飼育下で繁殖を行ない、世代を回していくこと）しています。

そのほか、企画展の準備、教育普及のための解説、標本作製や整理を行なう傍らで、昆虫の調査や研究もしています。これは趣味でもありますから、休日にも狙いの昆虫を思い浮かべながら地図を眺め、昆虫採集に行き、採集した個体を持ち帰り標本を作りながら、新知見が含まれていないかを調べています。このような生活をしているため、

自宅にもたくさんの標本を保管しています。

　多くの人が経験する年末の大掃除。昆虫の研究者には部屋の片付けよりもはるかに重要な作業があります。それは暖かい時期に採集した昆虫の整理・整頓です。標本を分類群［▼P216］ごとにまとめたり、研究に使いそうな標本を抜き出したり、防虫剤を標本箱へ入れたりします。

　2017年の年末も、同じように標本の整理をしていました。標本箱の中に不規則に並んでいる、約1年間で採って集めた昆虫を適切な場所へと移動します。その時のことです。コウベツブゲンゴロウという種の標本を、同じ箱へ集めていた途中、強い違和感を覚えて手が止まりました。

　石川県で採集したコウベツブゲンゴロウの標本を見ると、ある1地点で採集した標本は体長が大きく、ほかの場所の標本はすべて小さいのです。大きさが違うと言ってもコンマ数ミリの違いです。しかし、この小さな違いが気になって仕方がありませんでした。

　すぐに県外の標本を集めて比較しました。すると、愛媛県や滋賀県で採集したコウベツブゲンゴロウの標本はすべて大きかったのです。すべての採集地に大小の個体が入り混じっていれば「単なる個体変異［▼P218］」で片付けたでしょうが、採集地により大きさが異なるというのは腑に落ちませんでした。「ひょっとしたら2種混ざっていたりしないだろうか？」。この時の疑問から、コウベツブゲンゴロウに関する研究が始まりました。

　コウベツブゲンゴロウ *Laccophilus kobensis* は、現在の兵庫県神戸市で採集された標本に基づき1873年に記載された小型のゲンゴロウです。本種には個体変異があることが知られていて、具体的には、交尾器の形には3つのタイプがあり、背面の斑紋や色彩、体長にも地域的な変異がありま す。

まずは手持ちの標本を用いて、体長が大きな個体群（以下タイプA）と小さな個体群（以下タイプB）を比較することにしました。最初に気づいた違いはオス交尾器の形でした。背面から見ると、タイプAの交尾器は先端近くが膨らみ、タイプBの交尾器は先端近くが膨らみません。しかし、この差はすでに論文で個体変異として報告されているものでしたので、さらなる差を探します。

高倍率の顕微鏡で交尾器を観察していくと、タイプBの交尾器の先端部を斜めから見た時に、トサカ状の突起が見えるのを発見しました。タイプAの交尾器をいくつも観察しましたが、このトサカ状の突起は見られませんでした。

外見上の斑紋も非常に重要ですから、詳しく検討しました。本種に限ったことではありませんが、ゲンゴロウの仲間は生時に美しい色彩や斑紋がある個体が多いものの、死んで標本になると黒く変色してしまい、色彩や斑紋の情報の大半が失われてしまいます。そのため、この斑紋の観察には新鮮な生体を使いました。

斑紋も個体変異が大きな形質ですから、違いを見つけるのに非常に苦労しました。そしてついに、その大きな差を発見したのです。コウベツブゲンゴロウの各上翅には6本の縦条（縦線状の模様）があります。上翅中央から数えた1本目の縦条は、タイプAでは上翅末端近くに達するのに対し、タイプBでは途中で裁断状となり、末端には到達しませんでした。そして全体的な傾向として、タイプAの斑紋はコントラストが低く、タイプBの斑紋はコントラストが高くてはっきりしているということも分かりました。

ここまで分かった段階で、全国の博物館や研究者から標本を借用し、変異の幅についても詳しく検討しました。集まった標本は411個体。上述した交尾器、上翅の斑紋、体長という3つの特徴は、全国各地の標本も同様に2タイプに分かれました。そしてタイプAとタイプBの種は同じ採集地点では混在していないことも分かりました。つまり、これまで考えられてきた個体変異ではなく、種として区別できる形質の違いがあり、また地理的隔離［▼P218］も見られることから、タイプAとタイプBは別種だったのです！

片方がコウベツブゲンゴロウ、もう片方が未記載種［▼P217］だということは分かりました。次にどちらが真のコウベツブゲンゴロウなのかを特定しなければなりません。幸い、ブランクッチ博士が1983年に書いた論文で、コウベツブゲンゴロウのレクトタイプ標本［▼P216］のオス交尾器を詳細に図示していました。この図には明確に交尾器の差異が表現されていたため、タイプAが真のコウベツブゲンゴロウだということが特定できたのです。

タイプBが未記載種だと分かった以上、新種［▼P217］として記載し、命名する必要がありました。私は1人で新種記載をしたことがない分類学の初心者でしたので、コウベツブゲンゴロウ種群の分類に詳しい上手雄貴博士（名古屋市衛生研究所）に共同研究者としてご協力をお願いし、恩師である吉富博之博士（愛媛大学ミュージアム）にいろいろと教えていただきながら、数か月を費やして

論文を執筆しました。

そして2018年の12月25日、無事論文が出版され、新種ニセコウベツブゲンゴロウ *Laccophilus yoshitomii* が記載されたのです。私が第1著者として記載した初めての種で、非常に思い入れが深く、記念すべき種になりました。

第3の種の正体は？

さて、詳しく読んでくれた読者はここで1つ疑問が浮かぶのではないでしょうか？

過去の論文に書かれたコウベツブゲンゴロウの交尾器の変異は3つ。このうち2種はコウベツブゲンゴロウとニセコウベツブゲンゴロウです。残る1種の正体はいかに。

過去の図鑑に書かれた変異の中には以下のような記述があります。「本州中部以北の個体では黒化が著しく……（森・北山　2002より）」。実は2種を分けた時、山形県のコウベツブゲンゴロウの交尾器に少し違和感を覚えていました。オス交尾器を背面から見た時、両種の交尾器は右側の中央付近がくびれるのに対し、この個体群［▼P218］の交尾器にはくびれがほとんど見られませんでした。論文を書く時にも悩みましたが、上翅の斑紋、体長、オス交尾器先端部のトサカ状の突起がないことなどから、コウベツブゲンゴロウの変異と解釈したのです。頭の隅に少しだけ引っかかりが残りながらも、そのまま時間が経過しました。

事が大きく動き出したのは2019年6月のこと。福島県で水生昆虫を研究している平澤桂氏から、福島県産のコウベツブゲンゴロウの同定依頼を受けました。その際、オス交尾器の写真で同定できるので撮影した写真を送っていただいたもの

斑紋と雄交尾器の違い

コウベツブゲンゴロウ
（西日本に分布）

ニセコウベツブゲンゴロウ
（本州〜九州に分布）

ヒラサワツブゲンゴロウ
（東日本に分布）

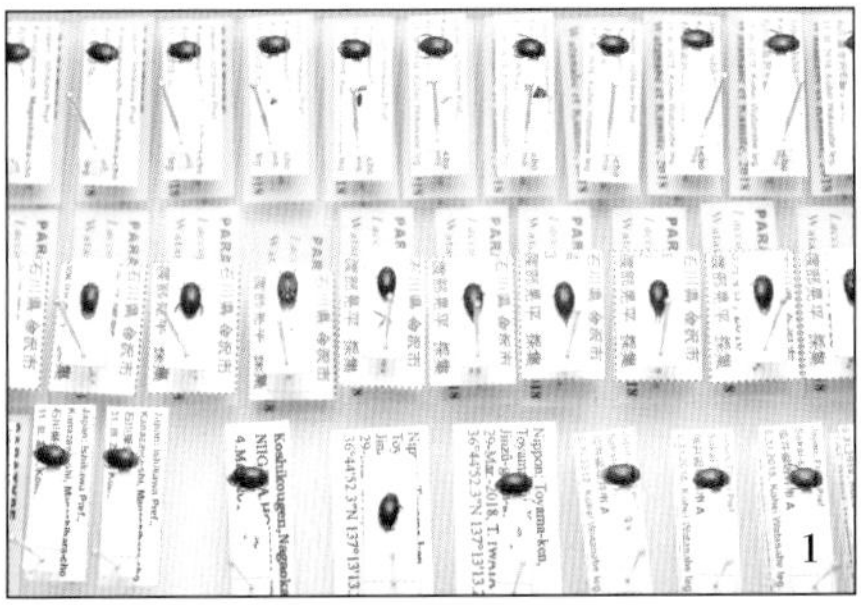

1 ゲンゴロウ科の標本箱。自宅に多数の標本箱を保管している。2 ニセコウベツブゲンゴロウの生息地。3 ゲンゴロウを採集している様子。休日も趣味で昆虫採集を行なう。

の、種名を特定できなかったのです。

最初は撮影角度が悪くて分からなかったのだと感じていましたが、写真を何枚送っていただいても結論は出ませんでした。そして当時抱いていた違和感を思い出し、生きた個体を観察させてもらえないかとお願いしました。生時の斑紋、正確な交尾器の形などを観察することが正体解明に不可欠と思ってのことでした。

結果は衝撃的なものでした。コウベツブゲンゴロウの変異と判断していた山形県産の個体群と同じ交尾器が出てきたのです。過去の論文と比較したところ、どうもタイプ3の交尾器と形が似ています。これはひょっとすると第3の種かもしれない。再び上手博士に共同研究を依頼し、研究を開始しました。

今回は主に東日本の標本を博物館や個人研究者からお借りしました。詳細な検討の結果、タイプ3の交尾器を持つ種は、コウベツブゲンゴロウと同定された個体群のうち、関東地方以東にのみ分布することが分かりました。すなわち、福島県産の個体群を含む関東以東には未記載種が存在することが分かったのです。

コウベツブゲンゴロウとこの未記載種とは、東西で分布が隔てられていること、オス交尾器の形が異なることで区別できることが分かり、その記載論文は2020年12月30日に無事出版されました。新種ヒラサワツブゲンゴロウ *Laccophilus hebusuensis* が誕生したのです。和名のヒラサワは、本新種を発見する重要な機会を作ってくれた平澤氏に献名［▼P217］したものです。

こうして半世紀以上前より知られていたコウベツブゲンゴロウの変異の問題は、2新種を含む3

種に分けるという形で整理されました。ゲンゴロウ科は昔から人気のグループで、多くの研究者が研究を重ねてきたため、国内では滅多に新種が発見されません。例えば2000年から2020年に発見された新種は、今回の2種を含めてもわずか7種に留まります。多くの研究者が見抜けなかった違いに気づくことができたのは非常に嬉しく、大きな自信となりました。

しかし、安心してばかりはいられません。コウベツブゲンゴロウは環境省版レッドリストにおいて準絶滅危惧に選定されています。そしてこの評価はコウベツブゲンゴロウ、ニセコウベツブゲンゴロウ、ヒラサワツブゲンゴロウの3種を混同したものですから、実際には、各種はより希少ということになります。詳細な分布を解明し、正確なランク付けを行なうとともに、保全に必要な情報も収集する必要があるでしょう。日本が誇る貴重な種を絶滅させないため、本職の飼育を駆使した研究を続けています。

渡部晃平（わたなべ・こうへい）　1986年、愛媛県生まれ。愛媛大学大学院農学研究科（修士課程）修了。石川県ふれあい昆虫館学芸員。専門は水生昆虫の自然史、保全、飼育方法の開発、分類学など。著書・共著に『里山に生きる仲間たち-人間と生きものが共生する奥能登』（能登印刷）、『学研の図鑑LIVE 新版昆虫』（学研プラス）、『日本昆虫目録第6巻鞘翅目第1部』（櫂歌書房）など。

記載論文1
Watanabe, K. & Kamite, Y. (2018). A new species of the genus *Laccophilus*(Coleoptera, Dytiscidae)from Japan. *Elytra, Tokyo, New Series*, 8(2):417–427.

記載論文2
Watanabe, K. & Kamite, Y. (2020). A New Species of the genus *Laccophilus* (Coleoptera: Dytiscidae) from Eastern Honshu, Japan, with biological notes. *Japanese Journal of Systematic Entomology*, 26(2):294–300.

16

「Twitter」という学名を持つダニ

後生動物 節足動物門 鋏角亜門 クモガタ綱

— チョウシハマベダニ —

Ameronothrus twitter

— イワドハマベダニ —

Ameronothrus retweet

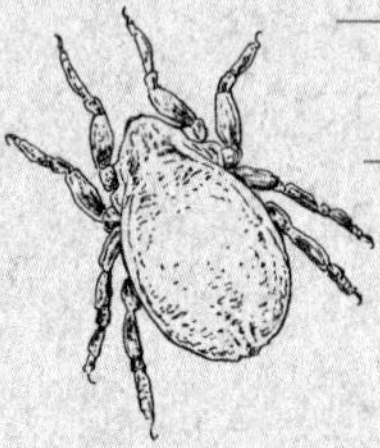

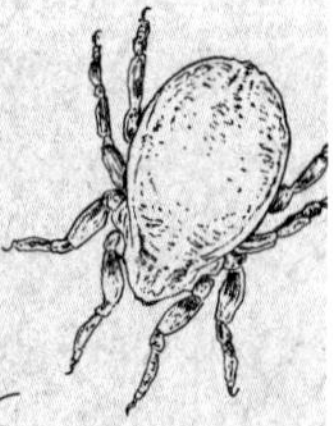

潮間帯の岩場で
暮らしています

発見した人｜島野智之

法政大学国際文化学部／
自然科学センター

潮間帯に棲むササラダニを紐解く

私の専門にしている森林性のササラダニ類は、世界で約1万種が知られています。世界のダニ類は大きく分けて7つのグループに分けられ、全部合わせても5万5千種ですから、ササラダニ類はダニの中でも多様なグループと言えるでしょう。

ササラダニ類は自由生活性と言って、ほかの生きものに寄生することはありません。落ち葉や落枝などの有機物を食べて分解することによって、土壌微生物の分解を助け、土を作り植物に栄養をもたらす生活を4億年続けてきました。

ササラダニ類の一部には淡水で生活しているものが知られています。海水に適応したものでは、潮間帯《ちょうかんたい》（満潮〜干潮までの海水面がある波打ち際）に生息しているものが知られています。

この潮間帯のササラダニ類の地球全体の分布は、北極圏にはハマベダニ科が、南極圏にはPodacaridae科（和名なし）が生息しています。また、熱帯を中心にウミノロダニ科とマンゲツダニ科が分布しています。

極寒の北極と南極に生息している2つの科は、まず淡水に適応してから海水に適応したのか、それとも直接、陸から海水に適応したのか？

日本は南北に長く、ちょうど北極圏の生物が分布を広げて南下してきますし、熱帯の生物は分布を広げて北上してきます。したがって、日本はちょうどその両方の潮間帯ササラダニの進化を調べるには、最も適していると考えました。

そこで、仲の良い友人であり、潮間帯ササラダニの研究で世界をリードしているオーストリアのトビアス＝プフィングストル博士（以後、トビアス）と共に、日本で研究を始めました。

日本初のハマベダニ科の発見

2018年9月、早速、トビアスと私たちは潮間帯ササラダニの調査のため北海道に出かけました。室蘭と、北海道大学の忍路臨海実験所とその周辺に車で出かけ、大きな岩を登って潮間帯の岩に生えている藻類を採集し、ホテルの個室に戻ります。手作りのツルグレン装置を設置して、その中に採集してきた藻類を入れます。

ツルグレン装置とは、ロートの上に網を置いて、その上に採集物を置き、上から白熱電球で照らす装置です。ダニは電球の熱を避けて下に行こうとして網から落ち、ロートの中を滑って下に置いた石膏の受け皿に集まります。

ホテルの狭い個室でいくつもの白熱電球をつけるので、部屋は暑くなりますし、電球が明るいのでよく眠れません。でも、僕たちの目的はダニの採集なので、すべてにおいてダニが優先です。

そのようにして採集したダニは、翌朝生きた状態で観察し、種類ごとにエタノールの小さなビンに入れます。集められたダニたちは顕微鏡の下で半分に分けて、片方はトビアスがオーストリアの大学に持ち帰り、半分は僕が自分の研究室に持ち帰ります。これがいつものルールで、たとえ片方が何かの事故で失われても、半分は残ることになります。

さて、日本ではこれまで潮間帯ササラダニのうち、熱帯系のウミノロダニ科とマンゲツダニ科の2つの科の記録しかありませんでした。しかし、北海道で我々が採ったダニの中から、日本から初めての記録となるハマベダニ科のダニが見つかりました。

我々はすぐに論文を書き上げ、翌年の2019年3月には、このダニをヨイチハマベダニ *Ameronothrus yoichi* として、*International Journal of Acarology* というダニの国際学術誌に投稿しました。論文は約2か月後の学術誌に受理されることになるのですが、その間、論文の修正を確認している時に、最初の事件が起きました。

Twitterで見つけたダニが、実は……。

Twitterなどの SNS には、専門家でもびっくりするような情報が掲載されていることがあります。例えば SNS で知り合いになった吉田譲さんは有名なアマチュアカメラマンですが、驚くほど土壌動物の知識が幅広いのです。

僕たち研究者は、各自の専門の分類群［▼P216］についてはよく分かっているものの、別の分類群のことはまったく知らないということがよくあります。彼らの幅広い知識には、逆に我々専門家が学ぶことも多くあります。また、仲間の専門家には恥ずかしくて聞けないようなことをアマチュアカメラマンに教えてもらったりしています。そのようなわけで、私は日頃からTwitterで気になる人をフォローして、生物の情報をこっそり収集しています。

ある日Twitterを見ていると、一般の方が、千葉県の銚子漁港の船着き場（埠頭《ふとう》）から、ササラダニの動画をアップロードしていました。投稿者はアマチュアカメラマンでもあるようで、動画は美しく見やすかったのですが、そのササラダニの背面には砂粒がついていました。

その投稿者とは当時まったく面識がなかったのですが、思わず僕はその投稿に「グアー。頭に砂粒があって、わからない。砂粒なくてもわからないかもしれない、夢に見るからやめてほしい。どれなんだ、ムズムズする。一晩寝ながら同定する夢を昨日も見たのに、今日もじゃ嫌だぁ。悪夢だ。」と、ツイートしてしまいました。

ダニの正体が気になり、投稿された動画や写真を注意深く見ていくと、どうも、北海道から発見したダニと同じく、ハマベダニ科のダニなのではないかという期待が高まってきました。そのダニは集団として集合する性質を持っている点でも、ハマベダニ科の特徴を示していたのです。

日本の北限としてようやく北海道で見つけたばかりのハマベダニ科のダニが、千葉県の銚子にいたとすると、新種［▼P217］である確率は高いでしょう。しかし、既に海外で記載されているダニかも知れません。一晩中考えましたが、とにかくダニを採集してみないと分かりません。このチャンスを逃してはいけないと思い立ちました。

翌日すぐに出張届の提出を済ませ、調査の準備をして、2日後の早朝に、高速バスに飛び乗りました。Twitterの投稿者には前もって、銚子港のどこで撮影したのかを聞いて、レンタカーの予約もしました。また、採集当日のお昼休みに、Twitterのメッセージ機能で、詳細な採集場所を教えてもらう約束をしました。

銚子漁港にダニをもとめて出発

朝早く出発しましたが、銚子漁港に到着したのはちょうどお昼。緊張しながら、Twitterのメッセージ機能でその投稿者に連絡しました。スマートフォンの向こう側でちゃんと返事をしてくれるといいのだけれど、と心配しながらメッセージを送ると、ちゃんと返事が来ました。一安心です。

文字で送られて来るメッセージに従って、ダニを撮影された場所を確認しました。

「えー、こんな隙間ですか？」

岸壁には車が海に落ちないように、車止めのブロックがいくつかあり、そのブロックと埠頭のコンクリートの約5ミリメートルほどの隙間で撮影されたようです。写真には注意を促す黄色い縞模様も確かにあります。お礼を言って、その方との連絡を終わりました。

しかし、その隙間にダニはまったく見当たりません。岩場のササラダニは目で見ても見つけられることがあるのに、今回はどうしたことでしょう。冷静に、と自分に言い聞かせて、よく考えました。

1 採集当日の銚子漁港でのチョウシハマベダニが生息していた環境。銚子漁港で採集当日の車止め(矢印)。*
2 Twitterに投稿された写真が撮影されたのは右の車止めのブロックのすきま(矢印)。*

冬はギッチギチに
集まって
過ごします

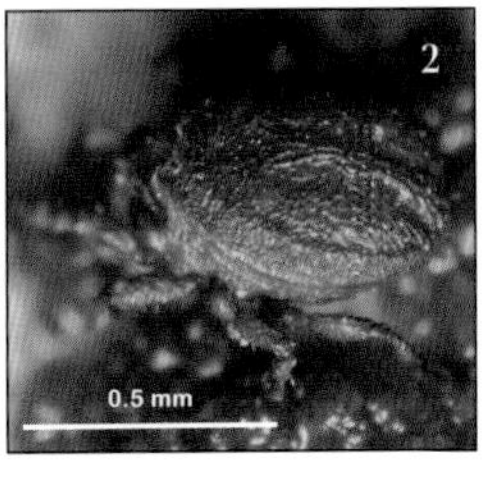

1 すきまにギッチギチに集まったチョウシハマベダニ。(根本崇正提供)* 2 体長 0.5〜0.6 mm。(根本崇正提供)*

* Pfingstl et al., 2021. *Species Diversity*, 26(1), 93-99. (*Species Diversity* 誌の許可を得て改変転載)

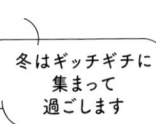

すると、気温のことに気づきました。撮影された5月3日までは寒かったのです。

ちょうど5月6日からよい天気になり暑い日が続きました。私が到着したのは5月8日。ほかのササラダニにはごく稀に、寒い冬の間は集団で木の皮の下などで越冬し、暖かくなるとどこかに行ってしまう種がいます。ここのハマベダニたちもそのような性質を持っているのだということに気づきました。

そこからが、大変です。ダニの気持ちになって、どこに行ってしまったのかを考えました。ダニがいると思われる車止めの周辺の砂をかき集めて、研究室のツルグレン装置でダニを抽出することにしました。

ほかにも、ダニがいそうな10か所以上のさまざまな環境から、手当たり次第に土や海藻やらを集め、袋詰めしていきます。海岸付近の岩についている藻類も集めてみます。せっかく長い時間とお金をかけてきたのですから、できるだけのことをしなければなりません。その日は、たくさんの試料を集めて、それぞれの環境の写真を撮り、ノートにつけることで終わりになりました。

翌日、研究室のツルグレン装置でダニを抽出してみると、車止めの周辺の砂だけからどうにか、30頭程度のササラダニが出てきました。それ以外の試料からはまったくダニは出てきませんでした。たくさんの試料を集めた私の努力は無駄になりましたが、1つの試料から30頭だけでも採れたのは不幸中の幸いでした。いつもどおり、それを半分に分けて、片方をオーストリアのトビアスに送りました。

さて、研究を進めてみると、遺伝子からも形態からも明らかに新種であることが分かり、論文にすることにしました。学名の中に新種発見のきっかけとなったTwitterを入れることをトピアスに提案すると、メールで大笑いしていることが伝わるような返事で「了解」と言ってくれました。2020年7月に学術誌に論文を送り、2021年2月8日に受理されました。これで、チョウシハマベダニ *Ameronothrus twitter* が誕生することが決まったわけです。

このように、SNSを通じて一般の方の協力を得て新種が見つかったので、今後もこのような市民と専門家の協力は必要だろうと思い、新聞発表を行なうことにしました。もっとも、そのことを見越して学名にもTwitterを入れたわけです。しかし、新種のダニが銚子港から見つかったとなると、銚子市の人たちが困ったりしないかと心配になり市役所に問い合わせましたが、大丈夫でした。論文の公開に合わせて国内外を問わず取材を受け、「協力」の大切さをアピールしました。

日本における潮間帯ササラダニの分布

さて、話は変わりますが、その頃までに北極圏に主に分布しているハマベダニ科と、熱帯・亜熱帯を中心に分布しているウミノロダニ科とマングツダニ科の、日本国内での分布をもう一度、入念に整理してみました。

すると、石垣島や西表島などの八重山諸島で、ウミノロダニ科4種とマンゲツダニ科6種で最も種数が多く、北に行くに従って奄美群島の辺りでは、両方の科で2種ずつしか分布しないことが分かりました。

さらに、奄美群島と屋久島・種子島との間にある渡瀬線という生物分布の境界線（ニホンザル、ムササビ、ニホンカモシカなどは南限、マムシとハブはこの線が分布の境界になっている）を超えて北に分布できるものは、ウミノロダニ科のウミノロダニと、マンゲツダニ科のヒガタノロダニの1種ずつであることが分かりました。ウミノロダニの北限は神奈川県の三浦半島まで、ヒガタノロダニの北限は愛媛県まででした。

一方、寒い地域に生息するハマベダニ科は我々が見つけた北海道の記録と、南限となる千葉県の銚子の記録だけです。実は、日本海側の記録がまったくありません。僕が何度も採集を試みていますが、これまで採集できたことがありませんでした。この潮間帯ササラダニは、干潮、つまり海水面が下がったときに岩から採集できるのですが、日本海側は潮の満ち干の幅が、太平洋側と比べて非常に少ないため、採集が難しいのだろうと考えていました。

そこで、海水温と気温、そして、太平洋側の3つの科のダニの分布から、日本海側の3つの科のダニの分布を推定してみました。すると、ウミノロダニ科は鳥取県辺りまで分布していることが予想されました。もし日本海側で潮間帯ササラダニの採集が成功すれば、鳥取県まではハマベダニ科が採集できるのだと分かり嬉しくなりました。そのようなわけで、この分布に関する論文（総説）をほぼ書き上げてしまっていました。

再びTwitterでの発見

ここで、再びチョウシハマベダニに戻りましょう。いよいよ論文が発表され、国内外の新聞記事がどんどん公開されていきました。すると、

日本で我々が明らかにした潮間帯ササラダニの分布（A：ハマベダニ科、F：ウミノロダニ科、S：マンゲツダニ科）ウミノロダニ科とマンゲツダニ科では、ウミノロダニとヒガタノロダニだけが渡瀬線を超えて北に分布を拡大することができたようだ。

矢印は主な海流を表し、青は寒流、赤は暖流を示している。緑はチョウシハマベダニが見つかった銚子(チョウシ)と，イワドハマベダニが見つかった鳥取県の岩戸（イワド）を示した。

＊Pfingstl et al., 2022. *Edaphologia*, 110: 27–37.（*Edaphologia*誌の許可を得て改変転載）

遠征時は、ホテルで手製のツルグレン装置でダニを採集する。

今話題のハマベダニってこれのことだろうか？鳥取県で撮影。

最初にTwitterに投稿されたイワドハマベダニ
（大生唯統提供）

Twitter上に、再び、気になる投稿を見つけました。

「今話題のハマベダニってこれのことだろうか？

鳥取県で撮影。」

さすがに、僕も飲んでいたコーヒーを吹き出すくらいに驚きました。我々が予想したハマベダニ科の分布を寸分外れることなく、鳥取県からツイートされたこと、かつ、その写真のダニは日本海側で初の記録となるハマベダニ科に間違いなさそうであることの2つが重大な点でした。

そこで、冷静に形態を観察してみると、これまで日本で採集されたハマベダニ科のいずれの種とも異なっており、分布から考えても新種の可能性は大きく、再びTwitterで新種発見に繋がる可能性が高まりました。

慌てて、オーストリアのトビアスにメールで連絡を取り、また、投稿者にはTwitterで返信しながら、メッセージ機能で連絡を取りました。今回は、新型コロナウイルス感染の問題もあったので、自分で採集には行かず、投稿者に時期を見計らって採集に行ってもらうことをお願いしました。投稿者は鳥取大学の大学院生でした。

さて、送っていただいたダニは、すぐに2つに分けて、片方をオーストリアに送りました。遺伝子解析の結果と形態から新種であることが判明し、名前はTwitterの機能に因んでretweet（リツイート）にしようと、トビアスに相談しました。もちろん、大喜びで納得してもらいました。

このような経緯から、イワドハマベダニ *Ameronothrus retweet* が新種として記載されることになり、2022年5月に発表されました。書き上げていた分布に関する論文（総説）にイワドハマベダニの分布を追加して学術雑誌に送り、その後、掲載されることが決まりました（Pfingstl ほか 2022）。

また同年、チョウシハマベダニのほうも、3月19日の「分類学者に感謝する日」に、海洋生物種の世界登録簿（WoRMS）から「2021年の注目すべき海洋生物の新種トップ10」のうちの1種に選出されました。

さて、地球には総計870万種の生物が生息していると推定されていて、そのうちおよそ86パーセントは未記載種［▼P217］だと考えられています。しかしながら、現在の絶滅速度からすれば、そのうちの100万種が絶滅危惧種だそうです。生物多様性や生態系を守っていくためには、絶滅に瀕している生物に名前をつけ、適確に保全を行なう必要があります。私たち専門家も、SNSなども活用しながら広く市民と手を取り合い、生きものを守っていきたいと思っています。

島野智之（しまの・さとし）　1968年生まれ。博士（学術）。横浜国立大学大学院工学研究科修了。農林水産省東北農業研究所研究員、OECDフェローシップ（ニューヨーク州立大学）、2005年宮城教育大学准教授、2009年にはフランス国立科学研究所招聘を経て2014年4月法政大学教授に着任。専門はダニ学、土壌動物学。タイ、マレーシア、インドネシア、ブータンで研究中。2022年日本動物分類学会賞受賞。『ダニ・マニア』（八坂書房、2015年）、『土の中の生き物たちのはなし』（共著、朝倉書店、2022年）など著書多数。

記載論文1
Pfingstl, T., Hiruta, S., Nemoto, T., Hagino, W. & Shimano, S.(2021). *Ameronothrus twitter* sp. nov. (Acari, Oribatida) a New Coastal Species of Oribatid Mite from Japan. *Species Diversity*, 26(1) : 93–99.

記載論文2
Pfingstl, T., Hiruta, S., Bardel-Kahr, I., Obae, Y. & Shimano, S.(2022). Another mite species discovered via social media – *Ameronothrus retweet* sp. nov. (Acari, Oribatida) from Japanese coasts, exhibiting an interesting sexual dimorphism. *International Journal of Acarology*, 48(4-5) : 348–358.

17

Twitterで出会えた憧れの存在

後生動物 節足動物門 昆虫綱 有翅昆虫亜綱

― アイヌホソカタカイガラムシ ―

Luzulaspis kinakikir

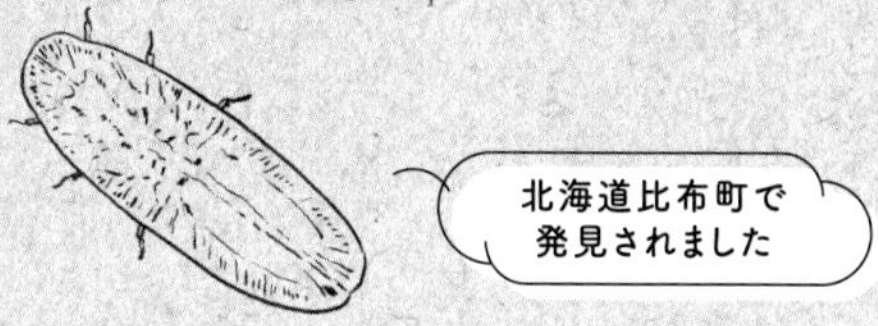

発見した人 | 田中宏卓 九州大学総合研究博物館

私のカイガラムシ研究

私はカイガラムシ（カメムシ目カイガラムシ下目）という昆虫の分類学的研究を行なっています。カイガラムシはアブラムシに比較的近縁なグループの植物寄生性昆虫なのですが、寄生生活に高度に適応した結果、多くの種で脚が退化傾向にあり、移動がかなり制限されているほか、雌成虫が基本的に幼虫体で成虫になるといった、かなり特殊な特徴を持っています。果樹や庭木の害虫として一般の人にも知られるものが多い、身近な昆虫である一方で、分類や形態学的な研究はあまり進んでおらず、有名な害虫種であってもその形態が正確に判明しているものはそれほど多くありません。

私は学生時代、カイガラムシの中でも、特にカタカイガラムシ科 Coccinae 亜科 Pulvinariini 族

（族：生物分類における科の下、属の上の階級）の分類研究をしていました。これはこのグループのカイガラムシが、日本のカタカイガラムシ科の中で最も種数が多く、また害虫種もたくさん含まれていたからです。

このPulvinariini族のカイガラムシには、外見的にすぐ分かる大きな特徴が1つありました。それは産卵時に白色のふわふわとしたロウ物質からなる卵のうを作ることです。これはカタカイガラムシ科の中では比較的珍しい特徴なのですが、大学院で研究を進めるうちに、産卵時に卵のうを作るカタカイガラムシは、実際にはPulvinariini族だけに限らないことを知りました。

例えば日本にいる種ですと、Filippinae亜科に含まれるツバキワタカイガラモドキ *Metaceronema japonica*、Eriopeltinae亜科のホソカタカイガラムシ属 *Luzulaspis* に含まれるオゼホソカタカイガラムシ *L. bisetosa* やスゲホソカタカイガラムシ *L. caricicola*、*Eriopeltis* 属に含まれるトボシガラワタカイガラムシ *E. sachalinensis* などが、産卵時に卵のうを作ることが知られています。

学生だった私は、こうしたPulvinariini族以外の卵のうを作るカタカイガラムシは、一体どのような形状をしているのだろうか？　Pulvinariini族とはどのように違っているのだろうか？　と興味を惹かれ、Pulvinariini族の研究を進める傍ら、それ以外の卵のうを作るカタカイガラムシを集めてその形態を調べるようになっていきました。

なかなか出会えないホソカタカイガラムシ属

しかし、このサイドワークはあえなく途中で頓挫してしまうことになります。というのも、上述のホソカタカイガラムシ属のカイガラムシがあまりにも珍しく、採集が非常に困難な類であったからです。

例えば私が大学院生だった2000年代には、オゼホソカタカイガラムシやスゲホソカタカイガラムシは新種［▼P217］として発表されてから既に50年ほど経っていましたが、それでもそれらの種は片手で数えられるほどしか採集されていない状況でした。

当時、日本のカイガラムシの権威であった東京農業大学の故・河合省三名誉教授の元を訪ね、過去にホソカタカイガラムシ属の種が採集された記録がある場所を教えていただきました。そこに採集に出かけて、ホソカタカイガラムシ属の種が主に寄生するカヤツリグサ科スゲ属の草を丹念に調べることを何度も何度も繰り返したのですが、いつまで経っても目的のカイガラムシが採れない日々が続き、とうとう採集するのを諦めてしまいました。

また、過去に日本で採集されたホソカタカイガラムシ属の標本は見ることができたものの、現代の標本と比べると状態が非常に悪く、細かな形態がよく分からず、これも私の研究には役立たないものでした。

そうこうするうちに、日本のPulvinariini族のカイガラムシを取りまとめた博士論文が何とか通って卒業できたのですが、ホソカタカイガラムシ属のことはずっと心残りでした。いつか採集してその形態を自分の目で調べることができればなぁ……と考えて、10年以上の月日が経った2020年6月。なにげなくTwitterを眺めていたところ、

北海道の上川農業試験場にお勤めになる傍ら、アブラムシを研究している佐々木大介氏が、ビロードスゲ *Carex miyabei* に寄生するアブラムシを探していたらこんなカイガラムシがついていたよ、と写真を公開されていたのです。

その写真を見た瞬間、私は電撃を受けたように「これだ！　これがホソカタカイガラムシ属に違いない!!」と直感し、即座に佐々木大介氏に、このカイガラムシが非常に珍しいものであること、可能であれば採集して送っていただけないかとの内容のメッセージを送っていました。幸い佐々木氏には、採集と標本の送付を快諾していただくことができ、数週間後にはついに憧れのホソカタカイガラムシ属の標本を手に入れることができました。

手に入れた標本の正体は？

私はこれがホソカタカイガラムシ属であるのはほぼ間違いないと確信していましたが、本当にそうなのか、ホソカタカイガラムシ属であるならばどの種なのかを明らかにしないといけません。幸いなことに、ポーランドの研究者が世界中の大半のホソカタカイガラムシ属の形態を検討した論文を1979年に出版していること、その後はごく少数の種が追加されているだけであることが分かり、これらの文献を手に入れて、佐々木氏が採集された標本との比較を行ないました。

結果は驚くべきものでした。佐々木氏が採集したカイガラムシは、確かにホソカタカイガラムシ属ではあったものの、これまでに知られているいずれの種とも一致しないことが分かったのです。

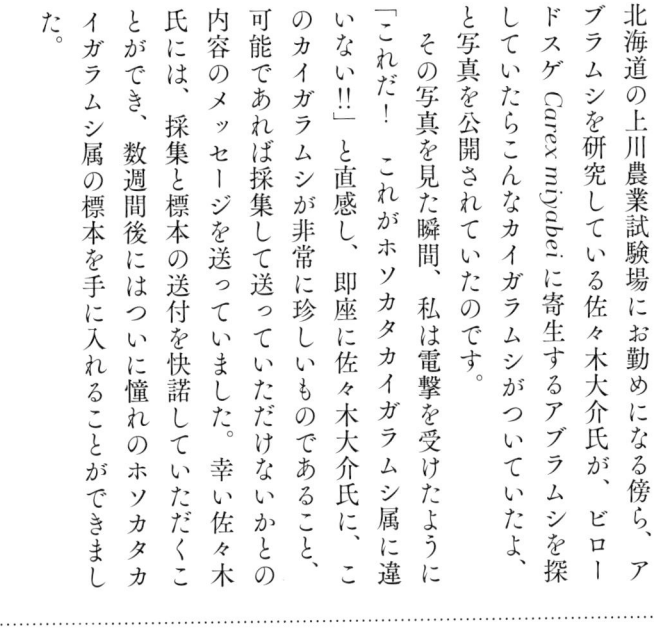

つまり、この種が未だ誰にも新種として記載されていない種、未記載種［▼P217］であることを意味し、私は衝撃を受けました。

分類学者の端くれとして、世間一般で言われるところの新種はこれまでに何種も見つけて命名・記載してきましたが、憧れのホソカタカイガラムシ属でそのような種を手にする機会が来るとは思ってもいないことでした。

その後、私は何度も慎重に本種の形態を確かめて、細かい形態計測を実施した上で、正確なスケッチを作成し、記載文や考察を苦労しながら英文で書きました。そして2021年の春、この種の新種記載論文をニュージーランドの動物分類学の専門研究雑誌である*Zootaxa*誌に、佐々木大介氏と現在の研究室で指導していただいている紙谷聡志准教授との連名で投稿しました。

この種はそれまで扱ってきたカイガラムシ類とはだいぶ系統的に離れたところに位置する種だったので、論文の掲載前に、この論文が研究雑誌に掲載されるに値するかどうかを事前審査する（査読と言う）研究者の意見がたいへん怖かったのですが、幸い好意的に捉えていただきました。論文にいくつかの修正を施し、佐々木氏がTwitterに画像を公開されてからほぼ1年後の2021年6月、無事論文が掲載されることになりました。

本種の和名と学名はずいぶん考えたのですが、採集された場所が北海道であることからアイヌの人々に因んだものにしようと考え、和名をアイヌホソカタカイガラムシに、学名はこの虫がスゲ属の草本に着くことから、通称「雪虫」として知られるアブラムシの一種、トドノネオオワタムシのアイヌ語名のウパシ－キキリィ（Upas：雪、

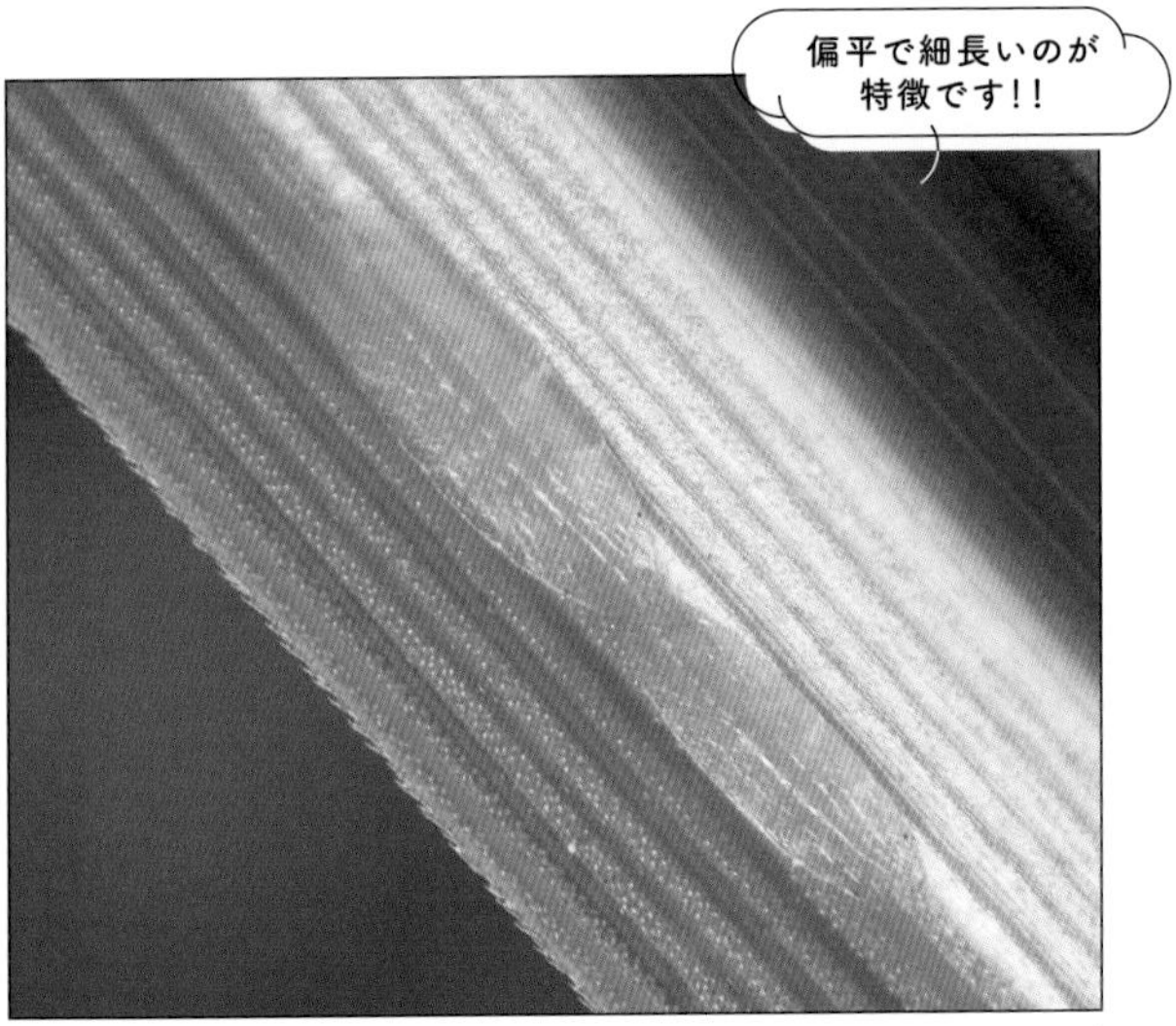

Twitterに掲載されていた佐々木大介氏によるアイヌホソカタカイガラムシの写真。

アイヌホソカタカイガラムシの生息地、北海道上川郡比布川のビロードスゲの繁茂する河畔。

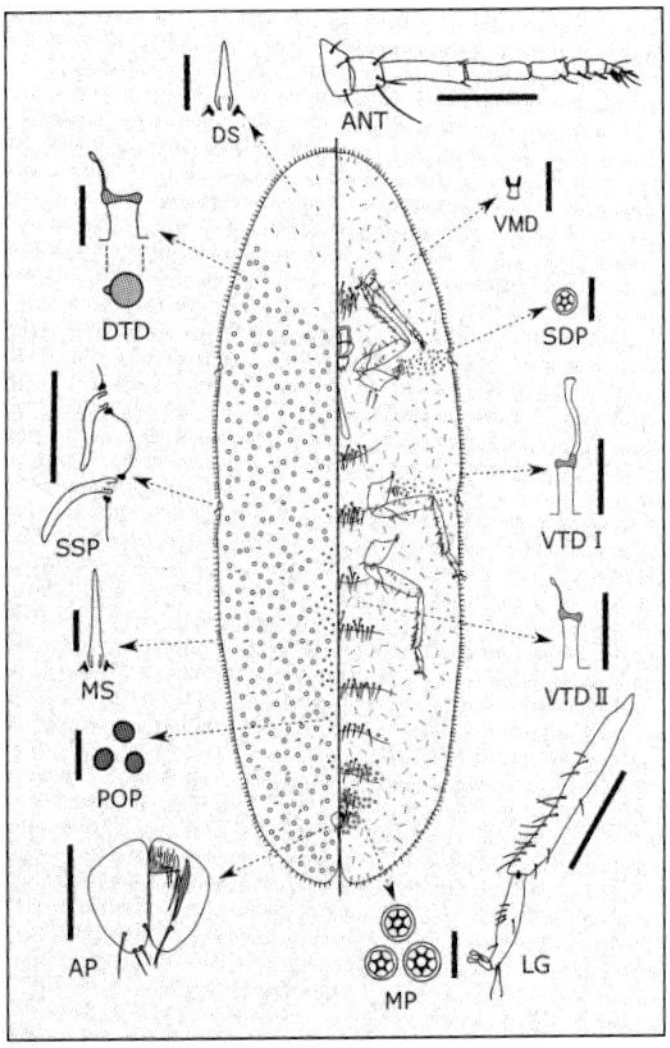

アイヌホソカタカイガラムシの記載画（スケッチ）、図版の詳細については論文を参照のこと。(*Zootaxa* 4985 (3): 414–422より引用)

kikir：虫）を参考にキナ－キキリィ（Kina：草、kikir：虫）というアイヌ語にちなんだ新造語を作り、これを種小名として*Luzulaspis kinakikir*としています。私の作ったこの学名、私個人としてはお気に入りですが、みなさんはどうでしょうか？

SNSで未記載種を見つけ、新種として報告された方は私のほかにもいらっしゃいますが、そういうことは結構普通にあるものなのだと今回の件で思いました。生物分類学者にとってTwitterをはじめとするSNSは、今後、生物多様性解明の重要なツールの1つになっていく予感がします。

何気なく撮影した名前の分からない生物の写真であっても、SNSで公開されると、その生物を専門に研究している研究者にとっては現地に行かずして「ここにはこうした種がいるのだ」ということが分かり、生物の分布情報の蓄積に大変役立ちます。また、そうした分布情報から今回のように非常に珍しい生物が「いつ」「どこに」いたのかが分かることもあります。私は生物研究者がSNSを研究に利用することは、自分の生物観察の目を増やすことに近い効果があると思っています。

私に残された課題は、日本で40年以上確認されていないオゼホソカタカイガラムシとスゲホソカタカイガラムシを再発見し、その形態を正確に報告することです。ですが、これまで40年以上もの間見つけられていない種を、とても私1人で見つけられる気がいたしません……。どなたか、佐々木氏のように、SNSを使って私の研究を手伝っていただけませんか？

田中宏卓（たなか・ひろたか）　1975年、愛知県瀬戸市生まれ。1998年に東京農業大学を卒業後、千葉大学大学院自然科学研究科に移り、カタカイガラムシ科 Pulvinarii 族の分類研究にとりくみ、2005年3月に大学院を修了。以降、琉球大学農学部科研費研究員、鳥取県立博物館昆虫標本専門員、九州大学大学院農学研究院生物保護管理学分野の特任助教などを務め、2020年8月より九州大学総合研究博物館の協力研究員として日本産カイガラムシの研究に従事している。博士（学術）。昆虫分類学、応用動物昆虫学、群集生態学などを専門としている。

記載論文
Tanaka, H., Sasaki, D.& Kamitani, S. (2021). A new species of the genus *Luzulaspis* (Hemiptera: Coccomorpha: Coccidae) from Hokkaido Island, Japan. *Zootaxa*, 4985(3):414–422.

18

博物館での出会いがきっかけに

後生動物 脊椎動物門 脊椎動物亜門 条鰭綱《じょうき》

— ダイダイマダラウミヘビ —

Apterichtus hatookai

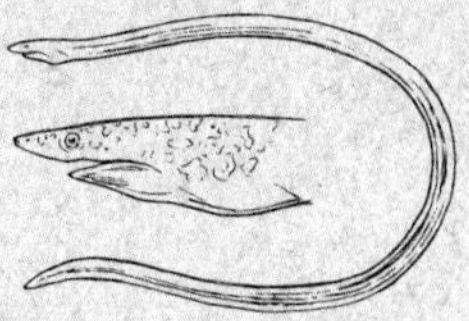

発見した人 | 日比野友亮
北九州市立自然史・歴史博物館
（いのちのたび博物館）

発見のきっかけは博物館

ゴマウミヘビ属 *Apterichtus* と初めて出会ったのは、和歌山県自然博物館で開催された特別展「うなQ」でした。2011年のことです。学芸員の揖善継《かじよしつぐ》さんと親しかった私は、揖さんの企画したこの展示会に行き、もともと目当てにしていたニューギニアウナギの生体に加えて、「世界で2例目！」と銘打って展示された紀伊半島（紀州）のご当地魚、キシュウゴマウミヘビ *Apterichtus orientalis* の標本にくぎ付けになっていました。

当時ウミヘビ科魚類の研究に着手して2年目だった私は、日本産の魚類がすべて掲載されている絵解き図鑑『日本産魚類検索　全種の同定』（東海大学出版会）を目を皿のようにして読み込み、諳んじていましたから、この魚が紀伊半島串本沖でしか採集されていない超稀種であることは、展示を見る前から知っていました。

ウミヘビ科の魚というのは総じて稀な種の多いグループで、1匹か2匹の少数個体に基づいて新種として発表され、以降はまったく捕れていないようなものが珍しくありません。実際、日本産のウミヘビ科魚類69種のうち、2022年時点で採集された個体数が10を下回るものが33種、うち4種はまだ世界に1個体しか標本がありません。

ゴマウミヘビ属はウナギ目ウミヘビ科（爬虫類のウミヘビとは異なる）に含まれる一群です。最大で40センチ程度になりますが、体は大きいものでも鉛筆より細く、吻（眼の前方部分）端が尖っており、体にヒレが一切ないことが特徴です。このようなか細い魚ですから、釣り針にかかることもなく、漁網の網目もすり抜けてしまうので、まず遭遇の難しいグループだと言えます。当然、これまでに蓄積されている標本の数も多いとは言えません。

さて、このキシュウゴマウミヘビの展示標本に興味を持った私は、展示会が終わった後に標本を貸してもらい、詳細に観察してみることにしました。実際に図鑑と突き合わせて種同定を試みたところ、どうやらキシュウゴマウミヘビではなく、ゴマウミヘビ *A. moseri* という別の種らしいことが分かりました。一方で、この過程で私が所属していた三重大学の収蔵庫にも、同様にキシュウゴマウミヘビと同定された古い標本があるのを見つけました。キシュウゴマウミヘビの特徴は上側頭部にある感覚管孔の数が7個あること。ちぎれかかったあまり状態のよくない標本でしたが、たしかにこの標本はその特徴を備えていました。

正体不明の「シャープスノウト・スネークイール」

そんなある日、インターネットで写真データベースをなんとなく眺めていると、国内外で撮影され、英名シャープスノウト・スネークイール、すなわち*Apterichtus klazingai*に種同定された水中写真が目に入りました。神奈川県立生命の星・地球博物館と国立科学博物館が運営する「魚類写真資料データベース」には、膨大な水中写真が登録されており、誰でも閲覧することができます。ここで検索して現れたシャープスノウト・スネークイールの写真何枚かを比べてみると、体に透明感がありオレンジの斑紋が大きいもの（半透明型）と、体に透明感がなく斑紋がとても細かいもの（不透明型）の2つがいるようなのです。キシュウゴマウミヘビは海外では*A. klazingai*と同種とみなされる例もあったことから、もしや両者はよく似ていて、この2つの一方が*A. klazingai*で、もう一方はキシュウゴマウミヘビということなのでは？　と想像しました（キシュウゴマウミヘビは当時も今も生鮮時の色彩が分かっていません）。

しかし、水中写真だけではこの仲間を同定するのに必要な特徴が分かりませんし、体を砂に埋めているので頭部しか写っていません。分類学的な研究を進めるためには、詳細な観察のための標本の確保が必要不可欠なのです。悩んでいた時に、当時北海道大学にいた大橋慎平さんから、種不明なウミヘビ科魚類の生鮮時の写真が送られてきました。それはまさにシャープスノウト・スネークイールの水中写真で半透明型と私が思っているもののそのものでした。

興奮気味に経緯を説明し、さっそく標本を送ってもらって確かめると、三重大学にあるキシュウゴマウミヘビとされる標本と同じ特徴を持っていました。しかし、この2標本とキシュウゴマウミヘビの原記載［▼P217］を比べていくと、主たる特徴は一致するものの、真のキシュウゴマウミヘビとはいくつかの形態的な違いがあるようでした。このため、関係するタイプ標本をきちんと調べてから、結論を出さなければいけないと考えました。

タイプ標本との対面

さて分類学的な決着を得るためには、少なくとも情報の乏しい種については、タイプ標本［▼P216］の観察が必要になります。

当時、ゴマウミヘビ属は最近の研究例がほとんどなく、古い時代に記載された構成種が大半で、まともな同定ができる状態にありませんでした。新種記載された時代が古くて、追加の標本も報告されていない場合、その種について分かる情報が極めて限られることがあります。

特にウミヘビ科の場合、最低限の体長の比率と、歯の並び方しか書かれていないことが多いので、ゴマウミヘビ属の種同定に重要な特徴が完全に欠落していることもあります（技術的問題と、比べるべき類似種数が少ないという双方の理由による）。また、ゴマウミヘビ属の体にある模様は標本になると消えてしまうため、そもそもタイプ標本を眺めてみたところで、記載に書かれていなければ模様の特徴は全く分からない、つまり模様が標本との識別に使えないということになります。ゴマウミヘビ属に限らず、我々魚類分類学者は生鮮時の魚の写真を日夜撮っています。それには標本にすると失われてしまう色や模様の情報を後から参照できるようにしておく、という重要な意味があるのです。

Apterichtus klazingai は100年以上前にインドネシアから新種記載された種で、やはり最低限の情報しか知られていない種でした。オランダの国立自然史博物館（現ナチュラリス生物多様性センター）へと出向き、実際にタイプ標本を手に取ってみたところ、今回の半透明型と比べ、頭部の感覚管孔の数に違いがあることが分かりました。つまり、半透明型は *A. klazingai* でもなかったのです。

さらに、このタイプ標本から得られた形態の情報を基に各地で採集された標本を調査したところ、アメリカのスミソニアン博物館に所蔵されていた *A. klazingai* の標本が見つかりました。この標本の生鮮時の写真を見てみると、なんと不透明な体を持ち、細かな斑紋を持っているではありませんか。すなわち、*A. klazingai* は日本のデータベースに掲載されていた不透明型「シャープスノウト・スネークイール」そのものだったのです。

キシュウゴマウミヘビと *A. orientalis* については、たしかに上側頭部の感覚管孔の数が7個ある、という点で半透明型の標本と一致していましたが、体の太さが大きく異なる上、下顎の前端の眼に対する位置関係に明確な違いが見られることも見つけました。この特徴の発見は、のちのゴマウミヘビ属全体の分類学的整理にも大いに役立ちました。これでめでたく、半透明型「シャープスノウト・スネークイール」は、ダイダイマダラウミヘビ *Apterichtus hatookai* として2014年に

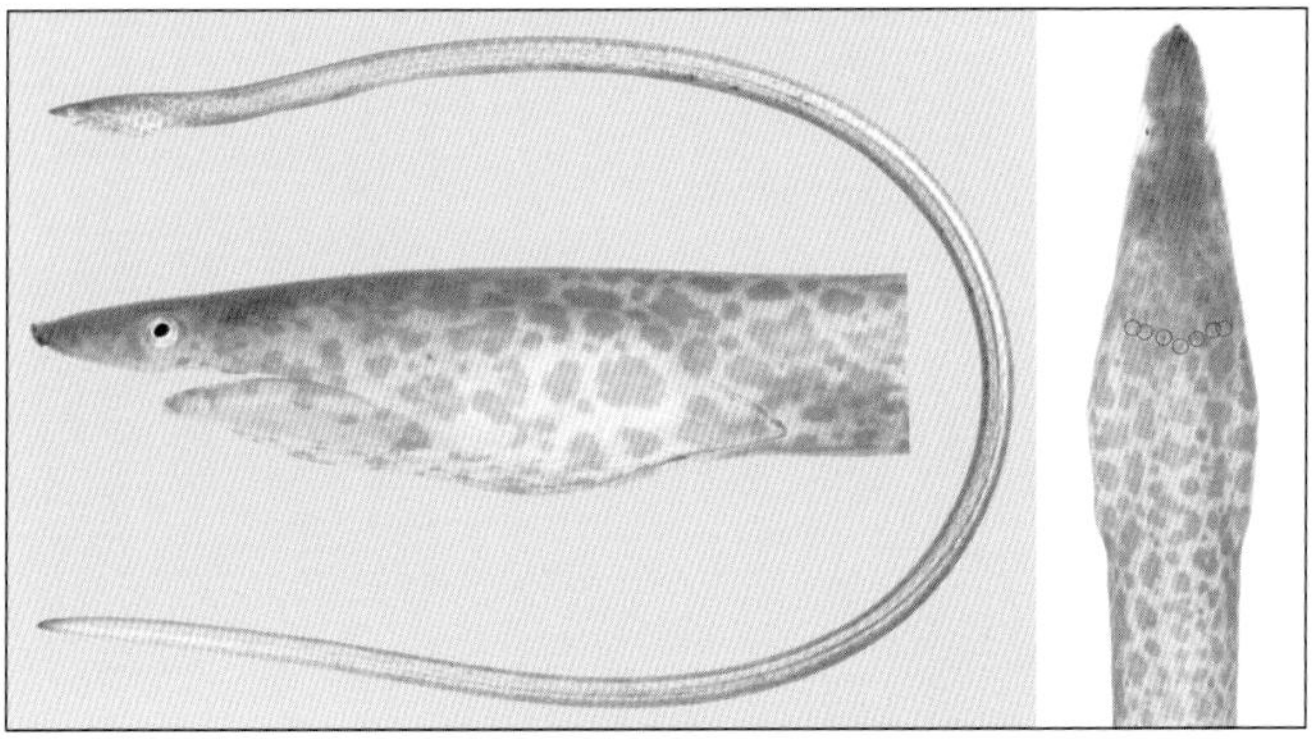

「シャープスノウト・スネークイール」の不透明型（1、琉球列島）と、透明型（2、駿河湾）。提供：神奈川県生命の星・地球博物館

ダイダイマダラウミヘビ。赤丸（右図中央付近）は上側頭感覚管孔の位置を示す。(愛媛県御荘産、波戸岡清峰氏撮影)

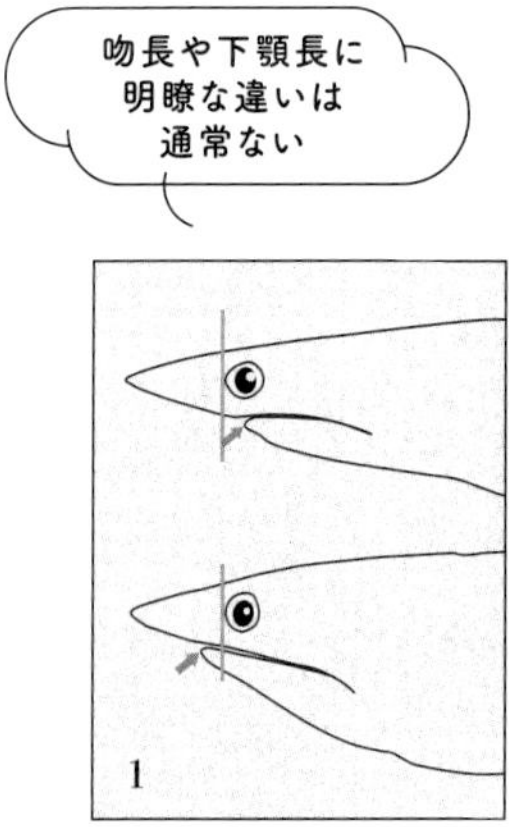

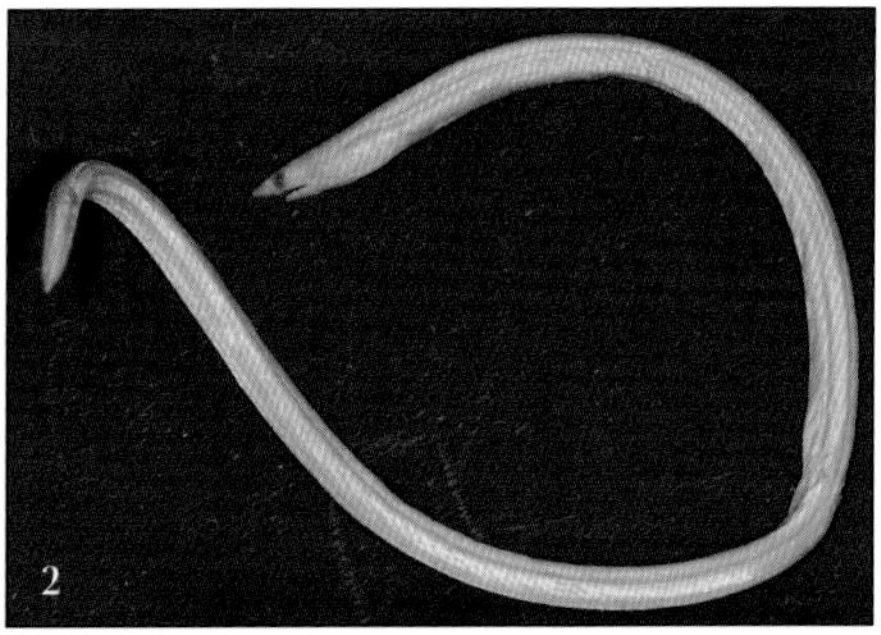

1 ゴマウミヘビ属にみられる眼と下顎前端の2つの位置関係。2 *A. klazingai*のホロタイプ。全身が褐色で、生時の色彩は失われている。

新種記載されたのです。

当時研究していたメインテーマとは関係ないものでしたし、慎重に研究を進めたので時間がかかってしまいましたが、私の研究人生の中で3番目の新種でした。初めての〝まともな模様のある魚〟の新種記載でしたので、とても嬉しかったことを覚えています（ウミヘビ科には目立った斑紋を持たない地味な種が多い）。

ゴマウミヘビ属全体を整理する

ダイダイマダラウミヘビの研究を通じて、私はこの「点々模様のあるゴマウミヘビ属」にはまだ問題があることや、既知種［▼P217］の情報が不足しているために種同定がうまくいかない、あるいはいくつかの種の異同が疑われたままになっていることを理解しました。

そこで、これまでに調べたすべての情報をまとめて、既知種の整理として論文にすることを始めました。ちょうどその頃、アメリカでウミヘビ科を専門に研究していたジョン・E・マッコスカー博士も、同じような思いでゴマウミヘビ属の整理を始めていたことを共同調査地の台湾で知りました。台湾滞在中を通して2人でこのグループの議論を重ね、さらに帰国後もメールで何度もやりとりをして、2015年には5新種を含む全20種にまとめました。

既知の種についても、種の識別に重要な特徴を列記し、先に挙げた下顎と眼の位置関係がいくつかの種の識別を容易にさせることも明らかにしました。長さを測ったり数を数えるだけでは気づけない形の特徴がふと目に留まると、熱い鉄板の上で氷を溶かすかのように、するりと種の識別問題が解決することがあります。この特徴はまさにその1つでした。

普通、1つの属を網羅するような研究には長い時間がかかります。この研究がスピーディーに達成できたのは、2人で共同で進めたこと、たまたま私とマッコスカー博士が別々のタイプ標本を観察していてその結果を合算できたこと、全体として稀なグループなため標本数が少ないだけでなく、シノニム［▼P216］が極めて少なく、整理が容易だったことが挙げられます。実際、私の場合、10年以上かかってもまだ属全体の整理を出版できていないグループもあります。グループによって抱える問題の量や質は異なっていて、膨大な時間を要することもある、ということです。

ゴマウミヘビ属全体を網羅したこの研究は、確実に世界のゴマウミヘビ属の理解に貢献しました。その後、この研究に基づいて新たな標本を報告した論文がいくつか出版され、文字どおり第一人者となった我々自身もゴマウミヘビ属のことがよく理解できたため、さらに中央太平洋のマルケサス諸島から1種、豆南諸島の鳥島沖から1種の新種を発見、記載することができました。いつになるかは分かりませんが、今後もまだまだ、ゴマウミヘビ属の新種が出てくると予想しています。

日比野友亮（ひびの・ゆうすけ） 1988年生まれ、愛知県出身。博士（学術）。三重大学、九州大学を経て現職。専門はウナギ目魚類の分類学。

記載論文
Hibino, Y., Shibata, J. Y. & Kimura, S. (2014). Description of a new snake eel, *Apterichtus hatookai* sp. nov.(Anguilliformes: Ophichthidae), from the Pacific coast of Japan. *Ichthyological Research*, 61(4):317–321.

19

映画のセリフに隠れていた真実

後生動物 軟体動物門 腹足綱

— サザエ —

Turbo sazae

貝殻に並ぶ棘の長さや列数が重要です

発見した人｜福田 宏
岡山大学学術研究院
環境生命科学学域

突如映画に登場したサザエ

2016年8月14日夜のことでした。文字どおり盆も正月もない生活の私は、平常運転で研究室の標本や文献をいじった後、20時55分頃帰宅しました。時間を今も正確に覚えているのは、そのタイミングこそが、サザエと私の運命を変えた要因の1つだからです。

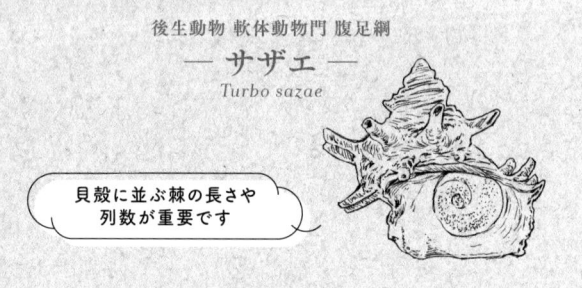

私はいつもどおり、自室の灯りに続けてテレビを点けました。チャンネルは、たまたまその日の朝に観ていたテレビ朝日系のままになっていました。画面に「映画『日本のいちばん長い日』この後すぐ！」との番宣が現れたので、私は「なら観るか」と横になりました。

始まった映画（原田眞人《まさと》監督・脚本）は、1945（昭和20）年春から8月15日の終戦前後まで、太平洋戦争末期の日本の軍部、政府そして昭和天皇の状況を史実に基づいて描いたものでした。私は作品の完成度の高さに引き込まれ、退屈せずに観続けました。

物語の背景は日本人なら誰もが知る歴史です。映画では中盤で、連合国に降伏を迫られて極限状況に追い込まれた日本の首脳の描写がなされ、やがて8月9〜10日未明にかけての御前会議で、本木雅弘が熱演する昭和天皇がポツダム宣言受諾を決意する光景が現れます。その翌11日、その決定を不服として、東條英機陸軍大将が、天皇に降伏を翻意させるべく宮中に単身乗り込み、反対意見を奏上します。その場面で東條が放った台詞は「陛下のお好きな生物学に例えて言えば、軍はサザエの殻と申し上げてもいいのであります。殻を失ったサザエは、その中身も、死なないわけには参りませぬ！」でした。

それまですっかりリラックスしていた私は「何？ 今サザエって言ったか？」と感覚のギアがにわかに上がり（貝類分類学者の「職業病」というほかありません）、天皇が何と答えるか集中しました。ところが天皇の返答は、作中の東條にも私にとっても、想像の遥か斜め上をいく予測不能なものでした。天皇は激怒してこう言うのです。

「サザエは学名をトゥルボ・コーニュトゥスといい、18世紀に英国のジョン・ライトフット尊師が命名したのだ。お前はチャーチル首相がサザエを食す姿を想像できるか。スターリン元帥もトルーマン大統領も、サザエは殻ごと捨てるだろう！」

何と、サザエの学名と、それをいつ、どこの誰が命名したかという、普通なら貝類分類学者しかしないような発言が飛び出たのです。叱られた東條は「しまった！」とばかり顔をしかめて「不適切でございました！」と詫び、這々の体で退散します。

映画では、東條はこのせいで天皇の説得に失敗し、日本の降伏への最後の大きな障壁の1つがクリアされたかのごとく展開します。つまり映画のとおりなら、太平洋戦争を終結させて戦後日本への最後の扉を開いた鍵は、サザエの学名とその命名者を巡る議論だったとの解釈も可能です。一国の運命を左右するギリギリの局面で、よりによって皇帝と軍のトップが貝の学名の議論をしていたなど、世界史上でも類例のないことでしょう。

少なくとも、日本貝類学史上最大の事件であることは間違いありません。私は、果たしてこれが実話だったのか気になって仕方がなく、映画は一応最後まで観終えたものの、急いで研究室に戻り、史料に当たってみました。

するとすぐ出てきたのは、細川護貞という人による当時の日記です。問題の1945年8月10日の部分を見ると、「東條は……我陸軍をサザエの殻にたとへ、殻を失ひたるサザエは、遂にその中味も死に至ることを述べて、武装解除が結局我国体の護持《ごじ》を、不可能ならしむる由を述ぶ。嗚呼然《さ》れども殻は既に大破せられ居らずや!!」と確かに明記されています。このことは歴史学者・保阪正康の著作でも、やはり史実として言及されています。

さらに映画の原作者・半藤一利も、法務省から国立公文書館に移管された史料の中に、サザエの会話の記録があると明言しています。したがって、降伏をめぐり天皇と東條が交わしたサザエの激論は、紛れもない史実なのです。

ならば天皇はその時、実際には何と答えたのでしょうか？　映画に現れたサザエの学名と命名者についての発言が、本当になされたのでしょうか？　一番知りたいのはそこですが、残念ながら私は明確な記録を見出せませんでした。

サザエの台詞は空想か？

そこで私は、その台詞の蓋然性と妥当性を貝類分類学の立場から検証すべく方針変更しました。そのためにはまずサザエの学名 *Turbo cornutus* の原記載［▼P216］を見ておこうと考えました。

それは *A Catalogue of the Portland Museum* という1786年刊行の本に含まれています。当時マーガレット・ベンティンクという伯爵夫人が私設博物館を設けていたのですが、彼女が世を去った後閉館され、所蔵標本はオークションにかけられました。この本はその販売目録です。

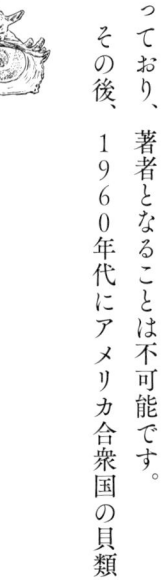

ちなみに、伯爵夫人のお友達がまたすごい顔ぶれなのです。1人は哲学者ジャン＝ジャック・ルソーで、植物学者でもある彼は伯爵夫人とガーデニングについて頻繁に情報交換していました。もう1人は探検家ジェームズ・クック船長です。伯爵夫人の標本の多くは、クックの寄贈を受けたとされています。

ところが、この本は無記名で出版されたため、本当の著者が誰なのかはっきりしないという問題がありました。20世紀中葉までは、伯爵夫人が生前に親交があり、博物学者・リンネの弟子でクックの探検にも同行した植物学者、ダニエル・ソランダーだろうと推測されてきました。しかし彼は問題の本の刊行の4年前（1782年）に亡くなっており、著者となることは不可能です。

その後、1960年代にアメリカ合衆国の貝類学者たちが検証し直し、伯爵夫人の没後、博物館の後片付けに関与した僧侶、ジョン・ライトフットこそが真の著者だと結論付けました。彼は植物・貝類学者で、ソランダーの書き残したメモを整理したことが分かっているので、現在ではライトフットの著作とみなすのが通説です。つまりこの本は、時代によって誰が書いたかの解釈が変化したわけです。

歴代の文献を再読すると、1934年以後、戦後しばらくはもっぱらソランダーが命名者とされてきました。一方、1967年以降はライトフットが優勢となります。重要なのは、命名者をライトフットとみなすようになったのは、1960年代以降に限られるという点です。

ここで、映画の天皇と東條の場面を思い出してください。あれは1945年の設定です。当時の天皇がライトフットという名を口にする可能性はあり得ません。つまり、映画での台詞は原田監督が時代考証を誤ってしまったわけで、その瑕疵《かし》こそが図らずも、創作であることの動かぬ証拠になっています。私が一瞬夢見た「サザエの学名の議論が、日本の戦後への道を開いた」という物語は、残念ながら空想の産物なのでした。

しかしそれでもなお、映画の天皇の台詞には一定のリアリティと迫真性があるのです。なぜなら昭和天皇は実際に、熱狂的な貝人だったからです。

2014年から宮内庁による『昭和天皇実録』が発刊されましたが、知野光雄氏がこれを精査し、天皇と貝類学の関わりに関する記述を調べ上げた報告があります。それを見ると、明治39（1906）年、天皇5歳の時に、「貝拾いをされる」「分類を試みられる」とあり、これが最初の記述です。

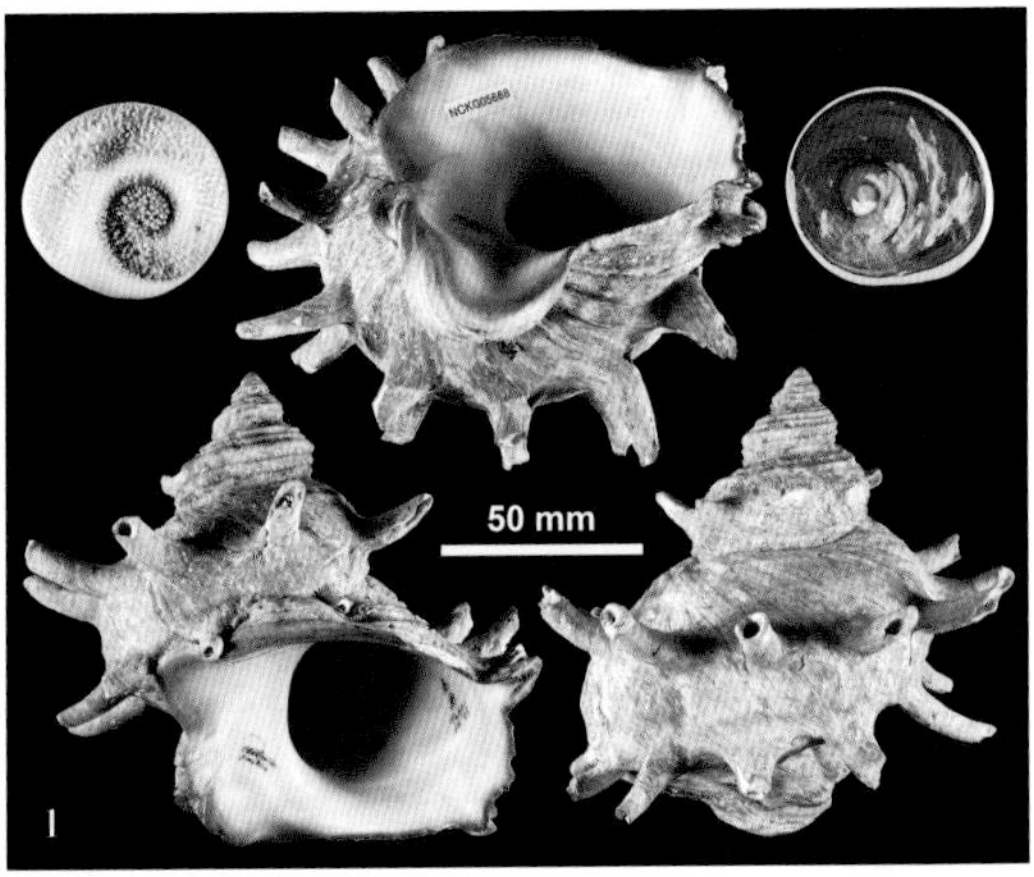

1 日本や韓国に分布するサザエ *Turbo sazae*。2 Reeve (1848) において「*T. cornutus*」と誤同定された、西洋の文献に初めて現れたサザエ。

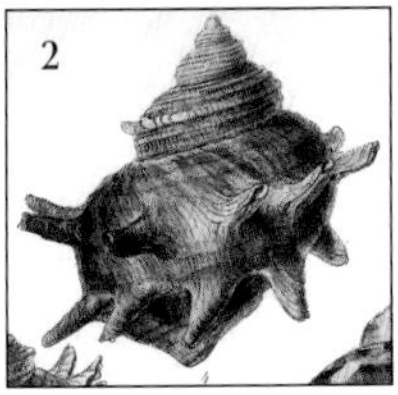

大混乱は
この図から始まった!

3 ナンカイサザエ *Turbo cornutus* のレクトタイプ（Davila 1767を左右反転）。4 ナンカイサザエの異名 *T. chinensis* のホロタイプ。亀田勇一博士（国立科学博物館）撮影。

そして明治44（1911）年11歳の時にはますます貝にのめりこみ、朝も夕も食事の間も寝る時も貝のことが頭から離れないようだとか、貝に熱中しすぎて困るのでブレーキをかけねばならぬ、とまで書いてあります。

天皇の貝類学への情熱はその後も途切れることなく崩御まで続き、貝に関する記述はこの実録の中に381回も登場します。つまり、昭和天皇の生涯は常に貝類学とともにあったと言えます。

このような天皇ですから、東條がサザエを比喩として持ち出した時、「サザエの学名も命名者も知らんやつが下らんことを言うな！」と激怒したとしても不思議はないのです。その点で映画『日本のいちばん長い日』は時代考証をわずかに誤ったとはいえ、リアルな天皇の姿を描き出すことには成功したと言えるでしょう。

これでひとまず当初の疑問は解決しました。しかし、本当の衝撃の展開はここからだったのです。

サザエの分類の歴史を辿る

せっかく原記載をひもといたので、私はこの機会にサザエの分類の歴史を回顧してみようと思い立ちました。

サザエはリュウテン科 Turbinidae、リュウテン属 *Turbo*、サザエ亜属 *Batillus* に属します。この亜属に含まれる現生種は、日本と韓国に固有なサザエ *Turbo cornutus* と、中国南部・台湾に分布するナンカイサザエ *T. chinensis* の2種だけが知られてきました。両種とも棘の有無に種内変異［▼P218］がありますが、棘のある個体同士で比較すると区別は容易です。日本と韓国のサザエは、棘が長くて間隔が広く、肩には1列のみ現れるのに対し、中国のナンカイサザエは棘がごく短くて間隔が狭く、肩には複数列が生じます。

両種の分布は、サザエは北海道南部～九州（岩手県を除く）と韓国南部に限られ、ナンカイサザエは中国南部と台湾にのみ産出します。その間の南西諸島や、黄海・渤海《ぼっかい》にはどちらも見られません。両種はDNA解析［▼P218］の結果、互いに姉妹種（共通祖先から分かれた2種）の関係にあると判明しています。

さて、サザエ *Turbo cornutus* の原記載を詳しく見直します。わずか3行からなる記述の後半だけがそれに相当し、あまりに簡単な説明なので文章だけではどんな形態の種だったのかの特定は困難です。唯一の手がかりは文末で引用されている先行文献の図（Davila 1767: pl. 5, fig. I）であり、この図に対して *T. cornutus* の名が与えられたことになります。

しかし、私はこれを見た時我が目を疑いました。なぜなら棘は短くて間隔が狭く、肩に2列描かれており、明らかに日本のサザエではありません。しかもその本文には「中国産」と明記されています。驚くべきことに、従来ずっとサザエの学名とされてきた *T. cornutus* は、実は別種ナンカイサザエのものだったのです。

サザエの学名の大混乱

これまで原記載を再確認する人がいなかったために、この混同が生じてしまったようです。しかしそれは無理もないことで、なぜなら上記の2文献はどちらも、日本に実物がない稀覯本《きこうぼん》です。近年ネット上のデジタルアーカイヴが発達し、誰でも簡単に電子ファイルを閲覧できるようになるまでは、中身の確認は極めて困難だったのです。

ではサザエの適切な学名は何なのでしょう？ 私は18世紀後半以降の *Turbo cornutus* が登場する全文献の見直しを余儀なくされました。しかし、どの文献を見ても肩の棘が短くて複数列あり、中国産であると記されています。つまり例外なくナンカイサザエで、サザエはなかなか登場しません。

初めて西洋の文献にサザエが現れたのは、イギリス人リーヴの1848年の図譜 *Conchologia Iconica* であり、その図は紛れもなく我々がよく知るサザエですが、学名は *T. cornutus* と誤同定されており、これこそが最近まで連綿と続いてきた混乱の源泉でした。

さらに、このリーヴの本には奇怪な図と記述が掲載されています。*Turbo japonicus* という学名とともに2つの図があり、その一方は日本のサザエの無棘型で、シーボルト採集と記されています。ところがもう1つの図は似ても似つかぬもので、日本のどこを探してもこんな種は産出しません。

つまりリーヴは、日本のサザエと、サザエとは異なる種に対して、同じ学名 *T. japonicus* を同時に与えてしまったわけです。これはいわゆる、ホモニム（異物同名）［▼P216］です。

同一文献で複数の名が同時に記載された場合（今回は2つの異なる *T. japonicus* が同時に記載されている。綴りは同じでも、指示対象の種がそれぞれ異なるので学名は2個）、どちらが優先されるかは、その後に刊行された文献のうち、最初にどちらかを選んだ著者の決定に基づく、と国際動物命名規約で定められています。それに相当するのがキーナーとフィッシャーによる1873年刊行の書籍で、リーヴの2つの図のうち、日本に

1 *T. japonicus* のタイプ標本（モーリシャス産）の写真。2 スケッチ。(Reeve 1848)*

3 *T. japonicus* のタイプ標本（シーボルト採集の無棘型のサザエ）の写真。4 スケッチ。(Reeve 1848)*

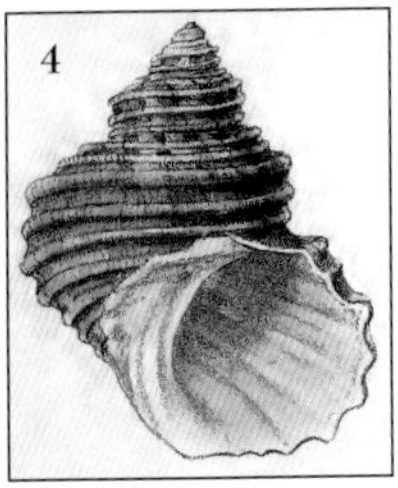

研究室には幼少期から集め続けた多数の貝殻標本が保管されている。

いないほうだけを *T. japonicus* と限定しました。もう一方の、シーボルト採集の日本のサザエは *T. cornutus* = ナンカイサザエである、と考えたためです。この時点で *T. japonicus* はサザエには永久に使用できなくなりました。

後に、*T. japonicus* は実はインド洋の島国モーリシャス周辺の固有種［▼P217］だと判明しています。しかし、*japonicus*（日本の）という名前がいくら実態にそぐわないとしても、変更や改名の理由にはなりません。

文献を徹底的に調べたところ、サザエまたはナンカイサザエを指す学名は全部で8つ存在しました。しかしそのうち2つはサザエを指しているものの、それぞれ異なる理由で有効名とはなり得ません。つまりサザエは、日本ではあれほど広く知られているにも関わらず未記載種［▼P217］であり、新種［▼P217］として記載命名する必要があるとその時点で判明しました。

そこで私は2017年5月16日付で公表された論文で、日本のサザエを *Turbo sazae* と命名しました。これでようやくサザエは、有効な学名を獲得したことになりました。私たちは毎週日曜夕方のアニメでその名を聞いているはずのサザエすら、つい最近までアイデンティティを把握し切れていなかったのです。

実は、同様の例は他の分類群［▼P216］でも少なくはありません。誰かの命名や同定が、多数の人を介して伝えられる間に、思い込みや勘違いが混入して伝言ゲーム化することもあります。目の前の生物の名前と所属を決定し、他者へ伝えて情報共有することは決して容易でなく、むしろさまざまな困難を伴います。サザエを巡る混乱はその好例です。したがって生物に関する我々の知識は今なお甚だしく不完全で、偏見や錯誤も多く混入していることを、多少とも自覚した上で自然界に臨むほうがよいだろうと私は思います。

最後に。終戦間際の東條英機が天皇の前でサザエの名を口走らなければ、それが映画に描写されることもありませんでした。そして7年前のお盆に、その映画がテレビ放映される直前の時間にたまたま私が帰宅しなければ、多分私は今なお視聴の機会がないままだった可能性が大です。その場合、わざわざ *Turbo cornutus* の原記載を見ようなどとは思わなかったに違いありません。

相互にまるで無関係で、時代も場所も関与する人物も異なるさまざまな出来事が、奇蹟的に連なったことで初めてサザエは学名を獲得したのです。しかし考えてみれば、あらゆる新種は、極端に低い確率でしか起こり得ないような、たくさんの奇蹟の連鎖の上にようやく見出され、記載命名が成就するのかもしれません。

福田宏（ふくだ・ひろし）　1965年、山口県生まれ。岡山大学学術研究院環境生命科学学域（農学系）水系保全学研究室准教授。博士（理学）。物心ついた頃から貝類の採集に没頭。分類学者として多くの貝類の新種を記載する傍ら、環境省レッドリスト・レッドデータブックの編纂や軟体動物多様性学会の運営にも携わっている。同学会のTwitterアカウントの中の人として、貝類の分類や保全について発信中。

記載論文
Fukuda, H. (2017). Nomenclature of the horned turbans previously known as *Turbo cornutus* [Lightfoot], 1786 and *Turbo chinensis* Ozawa and Tomida, 1995 (Vetigastropoda: Trochoidea: Turbinidae) from China, Japan and Korea. *Molluscan Research*, 37(4): 268–281.

新種発見！ 裏話座談会

それぞれ専門分野の異なる著者4名と、
NHKの番組『ダーウィンが来た！』のディレクター、
中島未由希さんをゲストに迎えて、Zoom座談会を行ないました。
研究者じゃなくても新種を発見できる？
学名や和名はどうやって決めてるの？
生物の分類の面白さって？
——そんな素朴な疑問について、
エピソードで語りきれない想いを語っていただきました！

中島未由希　テレビ番組制作会社の株式会社アズマックス勤務。NHKの番組『ダーウィンが来た!』を多数制作している。2021年夏、ハバチの新亜種シモツケハバチを発見したことがきっかけで、2022年8月『ダーウィンが来た!夏スペシャル 新種発見!身近に潜む大スクープ』を制作。

研究者からアマチュアまで――間口の広がる新種発見

編集　最近、新種発見に関心を持つ人が増えているようですね。

馬場　論文が出た際の情報の広まり方がすごいんですよ。昔は論文でひっそりと名前がついていたのが、今やニュースになるし、SNSもその話題で持ちきりになりますね。

福田　分類学者の地位が向上しましたね。SNSの影響は本当に大きい。今回の本だってTwitterが発端ですから。『ダーウィンが来た！』に新種発見が取り上げられたのもすごい！

編集　末由希さんもハバチの新亜種を発見されたんですよね。

中島未　通勤途中、道路脇の垣根に不思議な幼虫を見つけて。それがきっかけで新種発見特集も制作したんですが、まさか自分が生物の分類に関われるなんて思ってもみなかった。

島野　最近は本当、アマチュアの方たちのレベルがすごいよ。情報もたくさんいただけるし。

中島淳　Twitterでも専門的な知識を持っている方は多いですよね。すごいもん採ってるな！　って人もいる。

島野　ほんとにそう。下手すると僕たち負けちゃうよ。そういう人を探すためにSNSやってるっていうのもあるな。仕事を別に持ちながらいわゆるアマチュアとして研究している人を見られるのも、SNSの良いところだよね。僕は、このまま研究職に就職できなかったらどうしようって怖かった時期があったけど、今ならどんな仕事をしていても生物の研究がしっかりできるって分かる。

福田　昔は「在野《ざいや》」なんて言ったけど、もはや死語かも。

馬場　SNS以外にも、データベースや図鑑で情報が整理されたことも影響していそうですね。専門家以外が生物の

馬場友希
専門はクモ（p20）

担当編集者
学生時代の
専門はきのこ

情報にアクセスしやすくなった。

中島淳　特に図鑑は研究者以外も気軽に手に取れる。

馬場　クモだと『日本産クモ類』(東海大学出版会)。これ実は島野さんにもらったんですけど、この図鑑でこれまでマイナーだったクモが日の目を見て、当たり前のようにそういうクモの話がネットでもされるようになって……。情報整理って大事なんだなって。

福田　あと、図鑑がきっかけでその道に入る人も多いと思う。私は幼稚園時代に買ってもらった『原色日本貝類図鑑正続2巻』(保育社)。もうぼろぼろ。便所に持ち込んで何時間も見ていましたよ。

編集　図鑑をトイレで読むんですか!?

福田　外で読みなさいって親に叱られてましたね。

島野　あと、昔は論文も紙だったからさ、僕らの先生たちは記載論文を1枚1枚写真に撮って印画紙に焼いて、キャビネットに鍵をかけて保管してた。その文献を借りるのも大変だったな。今はネットで見られるから便利な時代ですよ。

福田　貝のアマチュア研究者で、記載した種のホロタイプ標本を銀行の自分の貸金庫に秘匿した人がいて。いまだにそれ見られないいんですよ！　そのまま亡くなっちゃったから。

一同　そんな!!（笑）

馬場　とにかく、今は論文も標本も、手に入りやすくなりましたよね。

福田　僕のサザエ論文の材料は、すべてネットからの情報ですよ。無料でどこでも古文書が見られるようになったからこそ書けた。逆にこれまでは簡単に見られなかったから、サザエの正体に誰も気がつかなかった。

中島淳　分類学は文献学ですもんね。分類専門ではない私が記載論文を書けたのも、文献がネットで見られたからこそ。

馬場　昔は専門家しかアクセスできない情報が多すぎたんですよね。今なら誰でも分類学者になろうと思えばなれる。

福田　そういう人が出てきてほしいな。僕、いつも言ってるんですよ、論文読むのは金がかからないぞって。サザエ論文なんて、出版するまでにかかった経費は総額150円くらいですよ！　ネットになかった文献のコピー代だけ。そのことはみんなもっと知ってほしい。

島野　僕らにできることは協力したいよね。

福田　そうですね。新種って実は身近で、発見のチャンス自体は身近にありふれてる。でも一方では、個々の種の発見はたった1回きりだから、新種発見はやはり特別なものでもある、と思う。

編集 2度とない発見、夢がありますね！

馬場 ハードルの高さがあるのは事実。特に記載はルールが複雑だし、新種に出会った時に気づけるかどうかも重要。ただ、誰にでもチャンスはあるってことを知ってほしいです。

中島未 私はこれまでちゃんと同定しようとはあんまり考えていなくて、写真を撮るだけだったんです。でも、新亜種の発見をきっかけに、ちゃんと観察しようと思うようになった。次は新種発見も夢物語ではないのかも。

福田 この本が少しでも助けになって、いろいろな分類群で新種発見者が出てきてくれたら嬉しいですね。

―和名と学名へのこだわり―

編集 みなさんのお気に入りの和名を教えてください！

福田 和名1つとっても、研究者それぞれ矜持とこだわりを持って命名しているよね。

馬場 僕はセミの名前が好きで。ツクツクボウシとか、対象生物の名前がつかないのが良い。いつも「〜グモ」ってつかない名前にしたいと思いつつ、結構難しい。

福田 僕はやっぱりドウガネブイブイだな。前半は格調高い古の言葉風なのに、後ろはブイブイ！（笑）なんなんだ、この大胆極まる転調ぶりは！ 僕が貝に命名した「デリケートカドカド」はこれをリスペクトしてつけたんです。

中島淳 僕はシマドジョウ類の和名はシステマチックにつけちゃってるんですけど……淡水魚は地方名ベースの名前が良いですね。カマツカ、ツチフキ、ゼゼラ。もちろんドジョウも良い。

中島未 私はスミナガシが好きです。綺麗な響き。

馬場 素敵な和名ってその由来を知りたくなりますよね。

編集 島野さんは？

島野 僕の先生がすごく良い名前をいっぱいつけていて、一生越えられないな。オトヒメダニ、モンツキダニ、ドテラダニ、コソデダニとか。

福田 コソデは貝にもいる、コソデガイとか。ドテラっていいな。まだ貝にはないはず、そういう未出語はいいですねえ。

馬場 そうやってストックしますよね、いい名前。僕はスマホにメモしてるんですよ。ただね、なかなかマッチするクモに出会えない……。

島野 僕もやってる！ ネタ帳ね。

福田　僕は前から研究者仲間と話してるんですけど、「激怒」って名前を貝につけたくてですね。

一同　「激怒」!?

福田　相応しい貝を探しているんですよ。鋭い棘がいっぱい出ていて、いかにも怒髪天を衝いているような……。

馬場　つけたい名前が先にあるとは！　面白い名前だと覚えますよね。

福田　そう。和名がないと馴染みも存在感も感じられなくて、種として認識されにくいんですよね。あと、和名は時に図の代わりにもなる。古い目録なんかだと写真や図が無くて、和名と学名と産地しか書いてないし、しかも学名はどんどん変わっていくから、指示対象が何であるかを知るための唯一の手がかりが和名なんです。

中島淳　魚では、ヨシノボリの仲間はずっと分類が遅れていて。なぜかって、タイプ標本が古くて海外にあって、しかも古い魚の標本って、いりこを水で戻したみたいな状態でよく分からない。原記載も3行くらいしかなくて。でも日本には明らかに何種類か見た目で区別できるヨシノボリがいる、ということで、学名より先に和名がついたんです。

福田　なるほど、似たパターンは貝にもたくさんあります。

中島淳　そのおかげで個々が区別されて、分布の変化も辿れた。学名がつかないからといって全部同じ和名にしなかった効果ですよね。保全とか分類以外の基礎研究の意味でも重要。

編集　では、みなさんお気に入りの学名もありますか？

馬場　ヤドカリグモの属名は*Thanatus*（タナトス：死神）。由来は分からないけど、かっこいい。

中島淳　私が記載したカエンツヤドロムシは、赤いので炎に関連する名前をつけたくて、*flammea*（フランメア：炎）という種小名をつけました。気に入っています。

島野　学名に日本語が入るのも良いよね。カマアシムシの種小名は*sakura*、アオバハゴロモの属名は*Geisya*。変わり種としては、企業の名前も結構多いですよ、ドイツでその種の保全に出資した電力会社の名前がついた生物とかね。

馬場　最近は戦略的な命名も多いですよね。有名人の名前をつけたり。

中島淳　新種の発見がそれだけ影響力があるってことですね。

―分類は目的か？　手段か？―

編集　みなさんが思う生物の分類の面白さ、意義について、教えていただきたいです。

馬場　僕は子どもの頃から、いろいろな種類があるものを集めて眺めるのがわくわくして好きでしたね。クモの分類もこれに少し似ている気がします。小さい頃の対象はウルトラマンの怪獣図鑑でしたけど、今思えば予行練習でした。

中島淳　その感覚、分かる気がします。

馬場　見たことがないものが見つかると、名前を知りたくて。それで分類学に足を踏み入れました。

福田　ああ、同じですよ。私の場合は、小さい頃は道路標識を写真に撮って集めていて、あと漢字も。小学4年生のクリスマスプレゼントだった講談社の『大字典』から、載ってる全部の漢字を毎日ノートに写してましたね。

編集　道路標識に、漢字……!? そこから貝に?

福田　私にとって、標識と漢字と貝は一緒です。集めることに意味はなくて、ただただ網羅的に集めたい、知りたい、覚えたい。僕の分類はそういう混じり気のない欲求です。

編集　これは何か人間の潜在的な欲求なのか……。

島野　実は、僕は並べることにはあまり興味を感じないんだよね……。その関係性の方に興味がある。進化とか、その生きものの生態とか。それを探るために分類してるかな。

福田　多分、それが多数派だよ、俺は変態なの（笑）。

中島末　分類が目的か手段か、ですかね？

中島淳　私もどちらかと言うと手段ですね。分布や生活史の研究をしたくて、その際に種が定義されていないと不便だから分類しています。淡水生態系という場が前提にあって、その生態系を知るための分類。

島野　生態学とか、ほかの分野の研究をする上で分類が必要になるんだよね。インフラ整備みたいなもの。あとは保全のためもあるな。僕はレッドデータの関係で記載の必要があったムカデの分類もしてた。

中島淳　ありますね。例えばアサリが減ったこともすごい問題じゃないですか。なぜ減ったのかというと、生物多様性が壊されているから。何とかしないといけない、どうしたらいいのか、その生物を調べるためには分類が必要という。

馬場　保全の分野に付随して、年々分類の必要性が高まっているのは私も感じています。

福田　保全に分類が必須だというのは同意ですね。それにしても、貝はアサリとか、食用種の話ばかりが話題になるのがなぁ……。すごく偏りと違和感を感じるんです。

中島淳　食べられるというと重要視されやすいんですよね。

福田　多様性を支えているのは個性や固有性、特異性だから、少数派を尊重することでもあると思うんですよ。食べられる食べられないに関わらず、あるいは生態系における役割の大小に関わらず、人の役に立つ種も立たない種も、等価に見て保全すべきだと。それに、自然にはもともと意味なんかないじゃないですか。意味ってのは常に人間の一方的な都合です。

中島未 食べられることとか、生態系における役割を出すと、説得力がありますよね。職業として研究される場合、有用性を強調しなければならない場面もありそう……。

福田 そう。本当は、意味のない自然を意味のないままに受け入れて分類したいんだけど、他者と情報共有する時には意味が必要なこともある。結局、一人二役にならざるを得ないんだよね。

複雑化する分類と底なしの生物多様性

編集 以前は生物の分類は形態の比較がベースでしたが、最近は分子系統解析も用いられていますよね。形態観察よりも客観的視点で比較できるメリットがある、と言いますが……。

馬場 そうですね。分子系統解析に関しては以前Twitterでも話題に上がっていました。人が目で見て判別する形態の違いと、目に見えない遺伝子の違いは、実は本質的には一緒なんじゃないかって。

中島淳 ありましたね。

馬場 僕はけっこう共感する部分があって。どれだけ解析技術が発達しても、最終的には人間が指定した遺伝子領域の比較で、判断しているのも人間。形態観察と同じように、人為的な部分は無くせないんじゃないかなと。

島野 自然分類・人為分類という言葉があるよね。僕は極論、人間には完全な自然分類はできないと思っている。自然界のすべてを認識することはできないし、どこまでいっても人為分類だ。

福田 まあね。人間がいないとそもそも分類という営為なんて存在しないですしね。その中で少しでも「自然」っぽい分類を目指して我々はもがいているわけです。

中島未 分類ってどこか哲学的な問題もはらんでいる気がしますね。

島野 あと、分子系統解析の登場で、より分類が複雑化している面もある。

中島淳 綺麗に分かれると思って引いていた線が、実は良くなかったなんてこともよくありますね。

福田 それでこれまでの分類が覆されることも多々あるし。

中島淳 一般の人には「新種として記載された」となると、

それが決定版だと思われてしまうことが多いけど、分類学も学問。後になって「実は新種じゃなかった」と引っ込めることもあり得るんですよね。

福田 なるべくそうならないように比較・検証を重ねる必要がある。1つには「1家に1冊、決定版の大図鑑」的な考えがもう古いんですよ。分類は日進月歩で更新されてゆくから。

編集 そう考えると、なおさら種の線引きって難しいですね。人によってスタンスも違いそうです。亜種の扱いとか……。

馬場 その点ではこないだの『ダーウィンが来た！』は攻めていましたね。亜種まで踏み込むっていう。

中島淳 あれは面白かったですね！

中島未 私が見つけたのが亜種だったので、解説がないと、と思って。

中島淳 淡水魚は亜種、すごく多いです。海も山も越えられないので、地域的な固有性がどんどん蓄積していって、亜種的なものがたくさんある。生殖的隔離はもちろん重要だけど、遺伝子の違いの程度もいろいろ。生殖的隔離はもちろん重要だけど、その間に連続的な違いがあって、どこまでが亜種なのか、種なのか……。どういう形が一番いいのかは、ずっと考えている問題です。

島野 そういうのが面白いんですよね！ 別種なのか同種なのか、境界線上で身悶えする状況。どうやってもうまく分けられない、そういうのが好き。

福田 僕はできれば、一瞬で見分けがついてほしいですね。殻で全然見分けがつかないアキラマイマイを記載しておいて言うのもなんですが。

馬場 分けられて楽しい人もいれば、分けられなくて楽しい人もいるんですね（笑）。

福田 分けられて楽しいとはいっても、その一方で、こんなに種数が増えて大丈夫なのか……？ と時々ゾッとする時がある。

馬場 ああ〜、分かります。多様性の深淵に触れた時にゾッとしますね。

福田 これまで集めた標本を見ると、もう恐怖ですよ。分類学が相手にする生物多様性ってなんて底なしなんだろうって。僕が一生を費やしても、整理どころかまるで歯が立たない。

馬場 クモも、そもそも日本に研究者がいない分類群もいるし。今は日本での残りの未記載種は数百だろうと言われているけど、実際専門家が増えたらもっと増えるんじゃないかな。知れば知るほど種数が増えていく恐怖……。

―おわり―

分類学用語集

※命名規約ごとに用語が異なるものについては、国際動物命名規約＝㊐動、国際藻類・菌類・植物命名規約＝㊐植、国際原核生物命名規約＝㊐原と示した。

命名と標本に関する用語

【命名規約】 学名の命名法や使用法を定めた世界共通の規約。動物、藻類・菌類・植物、原核生物に対して独立した規約がある。

【分類群（タクソン）】 生物を分類した際のまとまり。ヒト（種）・ヒト科・サル目・動物界などいずれも分類群である。それぞれに学名が与えられる。

【分類階級（ランク）】 界・門・綱・目・科・属・種など生物を階層的に分類する際の位置。

【適格名㊐動】 命名規約に定める記載要件を満たす学名。有効名＋無効名の総称。正式名[植・原]に対応する。

【不適格名㊐動】 命名規約に定める記載要件を満たさない名称。使用できない。

【有効名㊐動】 ある1つの分類群に対する適格名のうち、最も適切なものとして採用されるただ1つの学名。正名[植・原]に対応する。

【無効名㊐動】 ある1つの分類群に対する適格名のうち、有効名以外の学名。

【シノニム（異名）】 同一の分類群に与えられた複数の学名を指す。より早く記載されたものを古参シノニム[動]または先行異名[植・原]、後に記載されたものを新参シノニム[動]または後続異名[植・原]と呼ぶ。多くの場合、最初に公表されたシノニムが有効名[動]または正名[植・原]になる。

【ホモニム（同名）】 異なる分類群に与えられた同じ学名を指す。通常は、より早く公表された古参ホモニム[動]または先行同名[植・原]が有効名[動]または合法名[植・原]で、新参ホモニム[動]または後続同名[植・原]に代わる新名（置換名）が必要。

【先取権の原理】 複数のシノニムやホモニムのうち、記載年月日が早いものが原則的に有効名となること。

【タイプ】 通常は、新種記載論文などで指定された分類群の基準となるもの（標本など）を指す。すなわち、担名タイプ[動]または命名法上のタイプ[植・原]のこと（ホロタイプ、シンタイプ[動]、レクトタイプ[動・植]、ネオタイプが相当する）。パラタイプなど、担名（または命名法上の）タイプに選ばれる可能性のあるものを指すこともある。種のタイプは、動物の場合は標本、植物の場合は標本または図・写真、原核生物の場合は培養株である。

【ホロタイプ】 原記載論文で学名の基準として指定されたタイプ。

【パラタイプ㊐動・㊐植】 ホロタイプが原記載で指定された時の、それ以外の標本。

【シンタイプ㊐動・㊐植】 命名者が原記載中でホロタイプを指定せず、その記載に用いた標本。複数の場合、それぞれの標本。

【レクトタイプ㊐動・㊐植】 ホロタイプが指定されていないか失われた場合などに、学名の混乱を避けるために、後にシンタイプ[動]またはシンタイプを含む原記載で用いられた資料[植]の中から基準として指定されたもの。機能はホロタイプに同じ。シンタイプが複数個体からなる場合、残りはパラレクトタイプとなる。

【ネオタイプ】担名（または命名法上の）タイプが失われた場合などに、学名の混乱を解決するため、新たに指定された別のタイプ。

【記載】本来は生物の形態を文章で記述すること。転じて、新たな学名を与えることを指しても用いられる。

【原記載】その学名が命名された、論文・書籍・図鑑などの刊行物およびその内容。

【献名】生物の命名の際に特定の人名や地名など固有名詞を取り入れること。

生物種の呼び方いろいろ

【既知種】すでに記載されており、学名が与えられている生物種。

【未記載種】未だ記載されておらず、学名のない生物種。

【新種】一般に、ある種が未記載種として認識された時や、学名が与えられたときに新種と呼ばれる。新しく生まれた種ではない。

【未報告種(新記録種)】既知種だが、その地域では初めて記録された生物種。

【近縁種】遺伝的・系統的に近しい生物種。

【類似種(近似種)】形態が似ている生物種。近縁とは限らない。

【隠蔽種】別種であるが、外見上の区別がつきにくく、同一種として扱われていた複数の生物種の一群。

【複合種】複数の隠蔽種や酷似する近縁種・類似種を含む生物種の一群。

【亜種】種より下位の区分で、動物の場合、同種内で形態的差異と不完全な生殖的隔離があり、分布の異なる個体群。植物や原核生物の場合は、単に種を複数の分類群に分割したい時に用いる。

【変種㊓】亜種より下位の区分。この下に、さらに品種などの区分もある。

【普遍種(汎存種)】大陸全体あるいは2大陸にまたがるような広い分布域をもつ生物種。

【固有種】特定の地域にしか自然分布しない生物種。

【外来種】その地域に分布していなかった、人為的に他の地域から持ち込まれた生物種。

系統解析全般に関する用語

【系統樹】家系図のように、形態やDNAの塩基配列の情報を用いて生物の進化・種分化の道筋を描いた樹状の図。

【単系統群(クレード)】ある1つの共通祖先から生じたすべての子孫を含む分類群のこと。

【側系統群(偽系統群、グレード)】ある共通の祖先から生じた子孫の一部を欠いた分類群のこと。

【多系統群】異なる祖先から別々に生じた子孫を含む分類群のこと。

【姉妹群】ある共通の祖先から2つに分岐した単系統群のそれぞれを、互いに姉妹群の関係にあると呼ぶ。

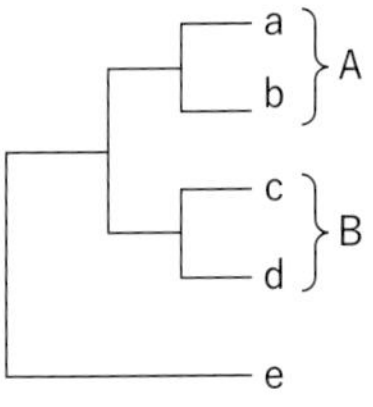

eを外群（系統樹を描く際に、比較したい種とは別に設定する生物群）とした系統樹。A、B、A＋Bはそれぞれ単系統群であり、AとBはそれぞれ姉妹群である。

分子系統解析に関する用語

【塩基配列】 生物の遺伝情報を担うDNAやRNAなどの核酸における塩基の並び方のこと。

【アミノ酸配列】 タンパク質を構成するアミノ酸の並び方のこと。アミノ酸はDNAから転写されたmRNAの連続した塩基3個1組の配列（コドン）によって規定される。

【全ゲノム配列】 その生物のもつ遺伝情報全体（全塩基配列）のことを指す。

【分子系統解析（DNA解析）】 生物の遺伝子の違いを用いて系統関係を推定する手法。生物の細胞からDNAを抽出し、塩基配列やアミノ酸配列を解析することによって、生物の進化の道筋（系統）を推定する。

【ゲノム解析】 ゲノム配列を解読し、その配列情報から遺伝子の同定や機能の推定などを行なうこと。

【遺伝子マーカー（DNAマーカー）】 生物の性質や系統の標識となる、ゲノムの特定の位置にある塩基配列のこと。

【DNAバーコーディング（分子バーコーディング）】 生物種ごとに塩基配列が異なる性質を利用して遺伝子マーカーから種を特定する手法。対象の生物の遺伝子マーカーの塩基配列を解読し、オンラインのデータベースに登録された種の塩基配列と照合することで、種を同定することができる。

【PCR（Polymerase Chain Reaction）】 DNAの特定の領域を増幅させる手法。この手法により少量のDNAサンプルから解析に必要な十分量のDNAを得ることができる。

【核DNA】 真核生物の細胞の核に含まれるDNA。

【ミトコンドリアDNA（mtDNA）】 細胞小器官であるミトコンドリアに含まれるDNA。核DNAに比べて塩基置換の起こる速度が速いため、より遺伝的に近い生物種の比較に用いられる。

その他の用語

【個体差（個体変異）】 同一種の生物の、個体間にみられる形質の違いのこと。

【種内変異】 同一種の生物の、地域や集団、個体間における形質の違いのこと。

【生殖隔離（生殖的隔離）】 本来交配可能であった同一起源の種の間で、地理的・生態的・形態的な何らかの要因で、交配が起こりにくくなったり、交配しても次世代を残しにくくなること。

【地理的隔離】 生殖隔離の中でも、さまざまな要因で分布域が分断され、複数集団（地域個体群）に分かれたことで、交配が起こりにくくなったり、交配しても次世代を残しにくくなること。

【種分化】 本来1種だった生物が、生殖隔離が生じるなどして複数種に分かれること。

【個体群】 ある地域に生息する同種個体のまとまり。同じ種であっても、地域個体群ごとに性質が異なる場合がある。複数種を指す場合は群集。

おわりに

――福田 宏

近年は地球全体で、年に1万を超える生物の新種が記載されると言われています。その数はあまりに多いので、あくまでも推定値なのですが、確実に言えることは、生物多様性は途轍もなく巨大で、その全貌を把握するなど現時点では到底不可能という現実です。言い換えればこの世界は、これから発見・命名されるのを待つ無数の未記載種で溢れかえっているのです。その意味では、新種の発見などありふれた事態であり、驚くには値しないという見方も充分に可能かもしれません。

一方で、新種発見という情報に接すると、多くの人は驚き、感嘆し、関心を寄せることが多いので、ニュースで大きく報道されたりもします。このような、未記載種だらけの現状と人々の反応との間にある落差はどこに由来するのでしょうか？

私は長い間、それは単純に、生物多様性の実態が正確に知られていないことによるものだろうと思っていました。実際に、新種は人跡未踏の地にしかもはや残っていないとの思い込みが、決して少なくはない数の人々の間で、根強いことも事実です。

しかし最近になって、必ずしもそれだけではなさそうだと思い直しました。「新種発見はすごい」という感慨が、もし本当に誤った認識だけに起因するなら、なぜ私自身が飽きもせず新種記載を続けているのか、と思い当たったからです。それは何も私だけに特有の事情ではないでしょう。この本にエピソードを寄せてくださったみなさんが、自ら見出した新種について熱い言葉を紡いでいるのは、それらが決して尋常一様でない、特別な出来事であるからに違いありません。個々の物語は、ほかで替えがたい唯一無二の経験だからこそ、それぞれが独自の彩りとともに輝いているのです。

翻って、自然科学はそのような繰り返しの効かない個別性よりも、「再現性」こそが肝要とよく言われます。宇宙のどこでも通用する法則性の追求とか、同一の手順に基づけば常に同じ結果が得られることなどが重視・信奉されます。それはもちろん大切なことではあるのですが、一歩間違えると、空疎で単調な繰り返しと混線しがちです。

その点、新種発見という営為の核は、極めて個別的な、一期一会にほかならない限定された局面に立脚します。どんな種も、最初の発見はただ1度きりなのです（この際、シノニムの話は除外するとして）。そこには凡庸さや陳腐さが忍び込む余地がありません。それまで人類の誰も認知していなかった種を初めて見出し、その存在を明確化する過程は、その対象の1種1種への対峙そのものが「人類の限界への挑戦」であり、スケールの大きさはともかく、新大陸に到達した探検家や、古い体制を倒した革命家のなしたことと構造的には同型です。そのような心躍る新種発見の現場に、今をときめく分類学研究者や愛好者各位はこれまで何度となく立ち会ってきたのでした。

それらの精鋭各位が集結して経験を披露し合ったアンソロジーがこの本です。その1つ1つが話者の実体験を生々しく伝えるドキュメンタリー・ノンフィクションであり、優れた私小説でもあります。今回、書籍の形でたくさんの読者と共有できることをこの上なく嬉しく思います。

末筆となりましたが、Twitterでの盛り上がりにいち早く反応して書籍化を勧めてくださり、編纂に際して多大なご尽力とご指導を賜った山と溪谷社の白須賀奈菜さんに、満腔の謝意を表します。

［引用および参考とした主な文献］

＊記載論文は各エピソードの末尾に記載しました。

01 ババハシリグモ

Baba, Y. G. (2013). A new species of the genus *Marpissa* (Araneae: Salticidae) from Japan. *Acta Arachnologica*, 62(1): 51–53.

Tanikawa, A. (2005). Japanese spiders of the genus *Agelena* (Araneae: Agelenidae). *Acta Arachnologica*, 54(1): 23–30.

Tanikawa, A. (2012). Further notes on the spiders of the genus *Dolomedes* (Araneae: Pisauridae) from Japan. *Acta Arachnologica*, 61(1): 11–17.

04 タケシマヤツシロラン

Suetsugu, K. (2022). Living in the shadows: *Gastrodia* orchids lack functional leaves and open flowers. *Plants, People, Planet*, 4(5): 418–422.

Suetsugu, K., Fukushima, K., Makino, T., Ikematsu, S., Sakamoto, T. & Kimura, S. (2022). Transcriptomic heterochrony and completely cleistogamous flower development in the mycoheterotrophic orchid *Gastrodia*. *New Phytologist*, in press.

06 コムシクイ／オオムシクイ／メボソムシクイ

Cramp, S. (ed.) (1992). *The Birds of the Western Palearctic*, Vol. VI. Oxford University Press, Oxford.

Dement'ev, GP., Gladkov, NA. (eds.) (1968). *Birds of the Soviet Union*, Vol. VI. Israel Program for Scientific Translations, Jerusalem.

Gill, F., Donsker, D. & Rasmussen (eds). (2022). *IOC World Bird List* (v. 12.2). Doi 10.14344/IOC.ML.12.2. http://www.worldbirdnames.org/

Ticehurst, CB. (1938). *A Systematic Review of the Genus* Phylloscopus. British Museum (Natural History), London.

Saitoh, T., Shigeta, Y. & Ueda, K. (2008). Morphological differences among populations of the Arctic Warbler with some intraspecific taxonomic notes. *ORNITHOLOGICAL SCIENCE*, 7(2): 135–142.

Saitoh, T., Alström, P., Nishiumi, I., Shigeta, Y., Williams, D., Olsson, U. & Ueda, K. (2010). Old divergences in a boreal bird supports long-term survival through the Ice Ages. *BMC Evolutionary Biology*, 10: 35. http://www.biomedcentral.com/1471-2148/10/35

山階芳麿『日本の鳥類と其生態　第二巻』岩波書店、1941年

日本鳥学会『日本鳥類目録 改訂第7版』日本鳥学会、2012年

07 チゴケスベヨコエビ

Ariyama, H. (2011). Six species of the family Odiidae (Crustacea: Amphipoda) from Japan, with descriptions of a new genus and four new species. *Bulletin of the National Museum of Nature and Science, Series A (Zoology), Supplement*, 5: 1–39.

有山啓之『ヨコエビガイドブック』海文堂出版、2022年

日本付着生物学会（編）『新・付着生物研究法』恒星社厚生閣、2017年

小川洋「東京湾のヨコエビガイドブック」2021年 (http://marine1.bio.sci.toho-u.ac.jp/tokyobay/gammaridea_guide/index.html)

09 オオヨツハモガニ

Griffin, D. J. G., & Tranter, H. A. (1986). The Decapoda Brachyura of the Siboga Expedition. Part VIII. Majidae. *Siboga Expeditie Monografie*, 39(c4): 1–335.

Haan, W. de. (1833–1850). Crustacea. In: Siebold, P. F. von (ed.), *Fauna Japonica sive Descriptio Animalium, Quae in Itinere per Japoniam, Jussu et Auspiciis Superiorum, qui Summum in India Batava Imperium Tenent, Suscepto, Annis 1823–1830 Collegit, Noitis, Observationibus et Adumbrationibus Illustravit*. Lugduni-Batavorum, Leiden, pp. i–xvii, i–xxxi, ix–xvi, 1–243, pls. A–J, L–Q, 1–55, circ. tbl. 2.

Hartnoll, R. G. (1963). The biology of Manx spider crabs. *Proceedings of Zoological Society of London*, 141: 423–496.

Hartnoll, R.G. (2015). Chapter 71-7. Postlarval life histories of Brachyura. In: Castro, P., Davie, P.J.F., Guinot, D., Schram, F.R. & von Vaupel Klein, J.C. (eds.), *Treatise on Zoology - Anatomy, Taxonomy, Biology. The Crustacea*, Volume 9 Part C (2 vols.). Brill, Leiden, 375–416.

Kawai, T. & Agatsuma, Y. (1996). Predators on Released Seed of the Sea Urchin *Strongylocentrotus intermedius* at Shiribeshi, Hokkaido, Japan. *Fisheries Science*, 62(2): 317–318.

Ohtsuchi, N., Kawamura, T. & Takeda, M. (2014). Redescription of a poorly known epialtid crab *Pugettia pellucens* Rathbun, 1932 (Crustacea: Decapoda: Brachyura: Majoidea) and description of a new species from Sagami Bay, Japan. *Zootaxa*, 3765: 557–570.

Ohtsuchi, N., Kawamura, T., Hayakawa, J., Kurogi, H. & Watanabe, Y. (2018). Ontogenetic habitat shift of *Pugettia quadridens* (De Haan, 1837) on the coast of Sagami Bay, Japan. *Fisheries Science*, 84: 201–209.

Ohtsuchi, N., Komatsu, H. & Li, X. (2020). A new kelp crab species of the genus *Pugettia* (Crustacea: Decapoda: Brachyura: Epialtidae) from Shandong Peninsula, Northeast China. *Species Diversity*, 25: 237–250.

Sakai, T. (1938). *Studies on the Crabs of Japan III. Brachygnatha*, Oxyrhyncha. Yokendo Co., Tokyo, pp

Sakai, T. (1976). *Crabs of Japan and the adjacent seas*. Tokyo, Kodansha Ltd., 773 pp., 251 plates.

上田常一『朝鮮産十脚甲殻類の研究 第一報（蟹類）』朝鮮水産会、1941年、289頁より抜粋

大土直哉・河村知彦「ヨツハモガニと近縁2種の形態的特徴」『海洋と生物』42巻、2020年、191〜200頁

大土直哉・日比野麻衣・河村知彦「常磐・三陸沿岸からのモガニ属2種（甲殻綱、十脚目、モガニ科）の新産地記録」『国際沿岸海洋研究センター研究報告』37巻、2021年、5〜10頁

菊池勘左衛門『富山湾生物調査目録（第5回）』富山教育227号、1932年、1〜23頁

深澤藍子・和田哲「ヨツハモガニ *Pugettia quadridens* (De Haan, 1837) の北海道函館湾からの初記録」『CANCER』31巻、2022年、49〜52頁

10 カクレマンボウ
Sawai, E., Yamanoue, Y., Nyegaard, M. & Sakai, Y. (2018). Redescription of the bump-head sunfish *Mola alexandrini* (Ranzani 1839), senior synonym of *Mola ramsayi* (Giglioli 1883), with designation of a neotype for *Mola mola* (Linnaeus 1758) (Tetraodontiformes: Molidae). *Ichthyological Research*, 65(1): 142–160.
澤井悦郎『マンボウのひみつ』岩波ジュニア新書、2017年、208頁
澤井悦郎『マンボウは上を向いてねむるのか：マンボウ博士の水族館レポート』ポプラ社、2019年、207頁

12 シノビドジョウ
Kottelat, M. (2012). *Conspectus cobitidum*: an inventory of the loaches of the world (Teleostei: Cypriniformes: Cobitoidei). *The Raffles Bulletin of Zoology*, Supplement, 26: 1–199.
鹿野雄一・中島淳・水谷宏・仲里裕子・仲里長浩・揖善継・黄亮亮・西田伸・橋口康之「西表島におけるドジョウの危機的生息状況と遺伝的特異性」『魚類学雑誌』 59巻1号、2012年、37〜43頁
清水孝昭・鈴木寿之・高木基裕・大迫尚晴「沖縄島と西表島より得られたドジョウの形態的・遺伝的特徴」『日本生物地理学会会報』66巻、2011年、141〜154頁
中島淳・内山りゅう『日本のドジョウ　形態・生態・文化と図鑑』山と渓谷社、2017年

13 ムルティフィスサーリトゥス・シモノセキエンシス
Zhang, S., Xie, J., Jin, X., Du, T. & Huang, M. (2019). New type of dinosaur eggs from Yiwu, Zhejiang Province, China and a revision of *Dongyangoolithus nanmaensis*. *Vertebrata Palasiatica*, 57(4): 325–333.

14 エゾセラス・エレガンス
Matsumoto, T. (1977). Some Heteromorph Ammonites from the Cretaceous of Hokkaido: Studies of the Cretaceous Ammonies from Hokkaido and Saghalien-XXXI, *Memoirs of the Faculty of Science, Kyushu University, Series D, Geology*, 23(3): 303–366.

15 ニセコウベツブゲンゴロウ／ヒラサワツブゲンゴロウ
森正人・北山昭『改訂版 図説 日本のゲンゴロウ』文一総合出版、2002年、231頁

16 チョウシハマベダニ／イワドハマベダニ
Pfingstl, T., Hiruta, S. F., Hagino W. & Shimano, S. (2022). Biogeography and climate related distribution of intertidal oribatid mites (Acari, Ameronothroidea) from the Japanese islands — a short review. *Edaphologia*, 110: 27–37.

18 ダイダイマダラウミヘビ
McCosker, J. E. & Hibino, Y. (2015). A review of the finless snake eels of the genus *Apterichtus* (Anguilliformes: Ophichthidae), with the description of five new species. *Zootaxa*, 3941 (1): 49–78.

19 サザエ
Clench, W.J. (1964). The Portland Catalogue. *Johnsonia*, 4: 127–128.
Dance, S.P. (1962). The authorship of the Portland Catalogue (1786). *Journal of the Society for the Bibliography of Natural History*, 4: 30–34.
Dance, S.P. (1986). *A History of Shell Collecting*. E.J. Brill, Leiden.
Davila, P.F. (1767). *Catalogue systématique et raisonné des Curiosités de la Nature et de l'Art, qui composent le Cabinet de M. Davila, avec Figures en taille douce, de plusieurs morceaux qui n'avoient point encore été graves*, Tome Premier. Chez, Brioasson, Paris.
Kay, E.A. (1965). The reverend John Lightfoot, Daniel Solander, and the Portland Catalogue. *The Nautilus*, 79: 10–19.
Kiener, L.-C. & Fischer, P. (1873). Genre Turbo. (*Turbo*, Linné.). In: Kiener, L.-C. (Ed.), *Spécies Général et Iconographie des Coquilles Vivantes, Comprenant la Collection du Muséum d'Histoire naturelle de Paris, la Collection Lamarck, celle du Prince Masséna (appartenant maintenant a M. B. Delessert) et les Découvertes Récentes des Voyageurs*, Vol. 10. J.-B. Baillière et Fils, Paris, pp. 1–128, pls 1–42 (plates by Kiener in ca. 1850 and text by Fischer in 1873).
[Lightfoot, J.] (1786). *A Catalogue of the Portland Museum: lately the property of the Duchess Dowager of Portland deceased which will be sold by auction, by Mr. Skinner and Co. on Monday the 24th of April, 1786, and the thirty-seven following days, at twelve o'clock, Sundays, and the 5th of June, (the Day his Majesty's Birth-Day is kept) excepted: at her late Dwelling-House, in Privy-Garden, Whitehall.* London.
Ozawa, T. & Tomida, S. (1995). A new *Turbo* (*Batillus*) species from Chinese coasts. *Venus*, 54: 269–277.
Ozawa, T. & Tomida, S. (1996). Systematic study of fossil *Turbo* (*Batillus*) species from Japan. *Venus*, 55: 281–297.
Reeve, L.A. (1848). Monograph on the genus *Turbo*. *Conchologia Iconica*, 4: pls 1–13.
Rehder, H.A. (1967). Valid zoological names of the Portland Catalogue. *Proceedings of the United States National Museum*, 121(3579): 1–51.
宮内庁（編）『天皇実録』第一〜第十八、東京書籍、2015〜2019年
知野光雄『貝類を愛された昭和天皇—「昭和天皇実録」における貝類関係記述—（前編）』 ちりぼたん、45巻、2016年、302〜317頁
知野光雄『貝類を愛された昭和天皇—「昭和天皇実録」における貝類関係記述—（後編）』 ちりぼたん、46巻、2016年、161〜174頁
半藤一利・加藤陽子「歴史のリアリズム—談話・憲法・戦後70年」『世界』874巻、2015年
保阪正康『東條英機と天皇の時代（下）』、伝統と現代社、1980年
細川護貞『細川日記』中央公論社、1978年

[**編著**]

馬場友希（ばば・ゆうき）
1979年福岡県生まれ。国立研究開発法人農研機構・農業環境研究部門・上級研究員。博士（農学）。専門はクモの生態学。

福田 宏（ふくだ・ひろし）
1965年山口県生まれ。岡山大学学術研究院環境生命科学学域（農学系）水系保全学研究室准教授。博士（理学）。専門は貝類の分類学。

[**執筆**]
相場大佑／荒川和晴／有山啓之／今井拓哉／上野大輔／大土直哉／岡本 誠／是枝伶旺／齋藤武馬／澤井悦郎／島野智之／末次健司／田中宏卓／中島 淳／日比野友亮／森久拓也／柳澤静磨／山本航平／渡部晃平

[**編集協力**]
中島未由希（pp208-215）／仲田崇志（pp216-218）

[**校正**] 髙松夕佳

[**イラスト**] 竹田嘉文

[**アートディレクション&デザイン**] 朝倉久美子

[**編集**] 白須賀奈菜（山と溪谷社）

新種発見！
見つけて、調べて、名付ける方法

2023年1月5日　初版第1刷発行

編著
馬場友希　福田 宏

発行人
川崎深雪

発行所
株式会社山と溪谷社
〒101-0051
東京都千代田区神田神保町
1丁目105番地
https://www.yamakei.co.jp/

印刷・製本
株式会社光邦

▶ 乱丁・落丁、及び、
内容に関するお問合せ先
山と溪谷社自動応答サービス
TEL.03-6744-1900
受付時間／11:00〜16:00（土日、祝日を除く）
メールもご利用ください。
［乱丁・落丁］service@yamakei.co.jp
［内容］info@yamakei.co.jp

▶ 書店・取次様からのご注文先
山と溪谷社受注センター
TEL.048-458-3455　FAX.048-421-0513

▶ 書店・取次様からの
ご注文以外のお問合せ先
eigyo@yamakei.co.jp

ISBN978-4-635-06320-3